HISTOIRE NATURELLE

DES HELMINTHES

DES

PRINCIPAUX MAMMIFÈRES DOMESTIQUES

PARIS. — IMP. DE VICTOR GOUPY, RUE GARANCIÈRE, 5.

HISTOIRE NATURELLE

DES

HELMINTHES

DES PRINCIPAUX

MAMMIFÈRES DOMESTIQUES

PAR

M. C. BAILLET,

PROFESSEUR A L'ÉCOLE IMPÉRIALE VÉTÉRINAIRE D'ALFORT,
EX-PROFESSEUR A L'ÉCOLE IMPÉRIALE VÉTÉRINAIRE DE TOULOUSE,

Membre de la Société impériale et centrale de médecine vétérinaire et de la Société botanique
de France,
Correspondant de l'Académie impériale des sciences, inscriptions et belles-lettres
de Toulouse,
de la Société impériale de médecine, chirurgie et pharmacie de Toulouse,
de la Société d'agriculture et de la Société d'horticulture de la Haute-Garonne, etc.

EXTRAIT

du Nouveau Dictionnaire de Médecine, de Chirurgie et d'Hygiène vétérinaires,
Publié par MM. BOULEY et RAYNAL.

PARIS

P. ASSELIN, successeur de BÉCHET Jne et LABÉ

Libraire de la Faculté de Médecine et de la Société Impériale et Centrale de Médecine vétérinaire

PLACE DE L'ÉCOLE DE MÉDECINE

1866

HISTOIRE NATURELLE

DES HELMINTHES

DES

PRINCIPAUX ANIMAUX DOMESTIQUES

Dans le langage médical, on désigne communément sous les noms d'*helminthes*, d'*entozoaires* ou de *vers intestinaux*, des animaux du sous-embranchement des vers « qui se ressemblent par leur manière de vivre en parasites, au moins pendant une certaine période de leur existence, dans l'intérieur des diverses parties du corps des autres animaux, mais qui diffèrent beaucoup entre eux par leur mode d'organisation. » (Milne Edwards.) Quelques auteurs, à la tête desquels se trouve M. Blanchard, réservent le nom d'helminthes aux seuls animaux dont Rudolphi avait formé l'ordre des nématoïdes. Mais dans un ouvrage de la nature de celui-ci, il y aurait évidemment plus d'inconvénients que d'avantages à détourner ainsi ce mot de la signification qui lui a été donnée jusque dans ces dernières années. Sous le titre d'*Helminthes*, nous traiterons donc ici de tous les parasites de nos animaux domestiques qui sont en même temps des *vers* dans le sens précis que l'on attache en zoologie à cette dernière expression.

Nous n'essaierons point de définir les helminthes autrement que nous venons de le faire, et nous entrerons immédiatement en matière en traçant à grands traits les caractères qui les séparent des autres vers.

Les helminthes appartiennent à l'embranchement des animaux annelés et au sous-embranchement des vers dont ils constituent la dernière classe. Ils se distinguent de tous les autres

1

vers, surtout par leur système nerveux dégradé, qui n'est plus représenté que par quelques ganglions antérieurs, ordinairement peu volumineux, diversement disposés suivant les ordres que l'on étudie, et desquels émanent deux cordons nerveux qui, s'étendant de la partie antérieure à la partie postérieure du corps, restent toujours séparés et écartés l'un de l'autre, et ne présentent dans leur trajet que peu ou point de renflements ganglionnaires. Ajoutons à ce caractère que la plupart des helminthes « sont des vers parasites qui, pendant toute leur vie ou pendant une certaine période de leur vie, habitent et cherchent leur nourriture dans le corps d'autres animaux vivants. » (Siebold.)

La forme annelée du corps des helminthes, manifeste chez les tænias et les botriocéphales lorsque, faisant abstraction de l'individualité de chaque anneau, on considère le ver rubanaire comme ne formant qu'un seul individu, est déjà moins marquée chez les nématoïdes, où elle est accusée, cependant, par des stries transversales que porte le tégument, et disparaît entièrement chez les douves et les autres trématodes. Le tégument plus ou moins résistant, presque toujours doublé à l'intérieur d'une couche musculeuse à l'aide de laquelle ces vers exécutent des mouvements peu étendus, est aussi le siége d'une sensibilité obscure. L'appareil digestif existe manifestement chez les nématoïdes et les trématodes, bien qu'il offre, ainsi que nous le verrons plus loin, des différences essentielles dans sa disposition chez les animaux de ces deux ordres. Mais chez les cestoïdes, il est remplacé, d'après M. Blanchard, par des canaux particuliers que M. Van Bénéden et d'autres helminthologistes regardent comme des appareils de sécrétion. Le sang des vers intestinaux est incolore. Il est renfermé dans les espaces ou lacunes que laissent entre eux les différents organes contenus dans la cavité générale du corps. La circulation est donc en grande partie lacunaire, ainsi que cela arrive chez beaucoup d'autres animaux articulés. Cependant, indépendamment de cet appareil de circulation, il existe encore chez les helminthes, ainsi que l'a démontré M. Blanchard, des vaisseaux particuliers, derniers vestiges des vaisseaux plus parfaits que l'on rencontre chez les annélides, et sur la disposition desquels nous aurons à revenir au fur et à mesure que nous passerons en revue les trois ordres dont se compose la classe des helminthes. Les vers intestinaux ne sont point pourvus d'organes spéciaux de la respiration. Cette fonction s'accomplit à travers la peau, qui est douée d'un pouvoir absorbant très-grand, de telle sorte que « c'est probablement par cette voie seulement que la petite quantité d'oxygène nécessaire à l'entretien de la vie de ces animaux parasites pénètre dans le fluide nourricier dont les cavités interstitiaires de leur organisme se trouvent remplies. » (Milne Edwards.)

Les helminthes, lorsqu'ils sont arrivés à l'âge adulte, sont toujours pourvus d'organes de la reproduction. Les sexes sont séparés chez tous les nématoïdes ; ils sont, au contraire, réunis chez les trématodes et les cestoïdes. La génération est le plus généralement ovipare, et elle ne devient ovovivipare que dans un petit nombre d'espèces de nématoïdes, dont les œufs peuvent éclore dans l'intérieur des organes génitaux de la femelle. Le nombre et la disposition des testicules et des organes de la copulation, que les naturalistes ont appelés des spicules, sont trop susceptibles de varier, suivant les ordres et les genres, pour que nous puissions rien dire de général à ce sujet. Il en est de même des ovaires, des oviductes, de la vulve chez les femelles ; mais un fait que nous devons signaler dès à présent, c'est l'innombrable quantité d'œufs que produisent les helminthes, quel que soit l'ordre auquel ils appartiennent. En présence de cette multiplicité de germes, on serait en droit d'être étonné que l'on ait pu attribuer à la génération spontanée la production des vers intestinaux, si l'on ne savait que, par suite des migrations et des métamorphoses qui s'accomplissent pour certaines espèces, la vérité a pu longtemps échapper aux recherches des naturalistes, des médecins et des vétérinaires, et que, maintenant encore, si elle est connue dans quelques-unes de ses parties, elle est à peine soupçonnée dans d'autres.

Si l'on ne rencontrait les vers que dans les appareils d'organes qui, comme le tube digestif ou les bronches, communiquent directement avec le monde extérieur, il est probable qu'à notre époque l'on n'aurait point persisté à les considérer comme résultant d'une génération spontanée, puisque, dans ce cas, il eût été très-facile de se rendre compte de la pénétration des germes dans l'organisme des animaux supérieurs. Mais il n'en est point ainsi. On trouve, en effet, des helminthes dans les séreuses qui sont closes de toutes parts, dans le tissu cellulaire des muscles, dans le tissu musculaire, dans le parenchyme du poumon, du foie, de la rate, dans l'intérieur des reins, dans la vessie, dans le cœur et les différents vaisseaux, dans les humeurs de l'œil, et jusque dans le crâne dont les parois osseuses ne sauraient préserver le cerveau des atteintes du cœnure cérébral. Si nous ajoutons à cela que quelques-uns des vers habitant ordinairement les organes que nous venons d'énumérer sont, dans le seul état où on les a connus jusque dans ces derniers temps, précisément dépourvus d'organes génitaux, on est moins surpris de l'erreur dans laquelle on a longtemps été relativement à leur mode de production. Aujourd'hui, la presque unanimité des naturalistes ne croient plus à la génération spontanée des helminthes. Mais il est encore un grand nombre de médecins, et surtout un trop grand nombre de vétérinaires, qui ont conservé sur ce point des idées erronées qu'il nous paraît utile de combattre, parce qu'elles éloignent les praticiens qui sont en état de le faire, d'étudier d'une manière vraiment profitable à la science et à la pratique l'étiologie des maladies vermineuses.

Personne, à notre avis, n'a su mieux que Bérard, trop tôt enlevé à la science, réunir les arguments que l'on pouvait faire valoir, il y a quelques années encore, en faveur de la génération spontanée des helminthes. Il est probable que si le savant physiologiste vivait, et que s'il avait à traiter aujourd'hui la même question, il arriverait à des conclusions opposées à celles qu'il avait formulées en 1848. Mais son argumentation existe, et elle nous a été si souvent opposée dans les circonstances où nous avons eu à discuter la théorie de la génération spontanée, que nous croyons qu'il n'est pas hors de propos de la rappeler en peu de mots, et de montrer le peu de valeur qu'elle a conservé par suite des progrès de la science.

Pour arriver à déterminer le mode suivant lequel se produisent les entozoaires, Bérard établit : 1° que les helminthes qui habitent les organes d'un homme ou d'un animal ne peuvent pas lui avoir été transmis à l'état d'œufs ou à l'état de vers tout formés par ses ascendants ; 2° que les entozoaires ne peuvent vivre en dehors du corps des animaux, que chaque espèce a en quelque sorte les siens, et que, par conséquent, à l'exception de quelques espèces de poissons, nul vertébré ne peut nourrir dans ses organes les vers tirés du corps d'une autre espèce zoologique, comme cela arrive, par exemple, lorsqu'un carnassier introduit dans son intestin les helminthes de l'herbivore dont il fait sa proie ; 3° enfin que, pour les vers qui résident dans l'épaisseur même des tissus, on ne saurait expliquer leur propagation par des œufs d'un individu à un autre, puisque pour cela il faudrait admettre « que ces œufs circulent avec le sang, qu'ils sont excrétés, expulsés du corps, absorbés par un autre individu, et portés de nouveau, par la circulation, dans l'organe ou le tissu qui convient à leur développement. » La conclusion qui découle naturellement de cette démonstration, c'est que, dans certains cas au moins, on ne peut s'expliquer la présence des entozoaires qu'en admettant qu'ils sont des produits de la génération spontanée. Mais Bérard va plus loin, et c'est surtout par la dernière partie de son argumentation qu'il porte la conviction chez ses lecteurs. « On n'avait apporté jusqu'à ces derniers temps, dit-il, à l'appui de la génération spontanée que des preuves en quelque sorte *négatives*. C'était par *exclusion*, et faute de pouvoir démontrer chez certaines espèces le procédé ordinaire de la reproduction, qu'on acceptait l'hétérogénie. Mais les faits communiqués cette année à l'Académie des sciences par M. Gros, de Moscou, établissent positivement que des animaux peuvent naître sans le concours de parents. A l'endroit où l'intestin sort de l'estomac des sépias, il se détache un appendice dans lequel M. Gros a vu apparaître des vésicules qui grossissent jusqu'à atteindre un diamètre de $0^{mm}12$; puis on y voit apparaître un embryon qui se meut et qui, rompant enfin son enveloppe, se trouve être le plus souvent un tænia, et quelquefois un cestoïde d'espèce différente. Il arrive aussi que ces vésicules donnent naissance à des distomes; et, ce qui n'est pas moins digne d'intérêt, c'est que ces vésicules, avant de contenir l'embryon, recèlent une autre vésicule qui accomplit les phases de la vésicule germinative, comme si la nature reproduisait dans la génération spontanée les mêmes modes de formation que dans la génération par des parents. » (Bérard, *Physiologie,* t. I, p. 102.) Malheureusement pour la théorie de la génération spontanée, l'observation de M. Gros est bien loin d'avoir la valeur que lui a attribuée Bérard. Cet observateur est le seul qui, jusqu'à présent, ait eu occasion de constater les faits incroyables qu'il a signalés, et, d'après M. de Siebold, il a pris « évidemment les œufs d'helminthes développés dans la valvule spirale de l'intestin des seiches pour les produits d'une génération spontanée. » Bien plus, M. Gros lui-même ne paraît pas attacher une bien grande importance aux observations qu'il a faites en 1845 et 1846, puisqu'en 1854 il a écrit : « Les vers intestinaux, *ne prenant pas ordinairement naissance dans l'être qui les héberge*, ne peuvent guère y parvenir qu'à la faveur d'une autre forme..... Quelque difficiles que soient à suivre leurs migrations et leurs métamorphoses, *nous ne sommes plus au temps où l'on avait recours à la génération spontanée pour s'expliquer leur présence.* » Il n'est donc plus possible de dire aujourd'hui, à propos de la génération spontanée des helminthes, que la nature ait été prise sur le fait ; l'exemple à l'appui de cette théorie fait encore défaut; mais les arguments de Bérard subsistent, et il nous reste à voir jusqu'à quel point ils sont fondés.

Nous admettons sans peine avec Bérard qu'il est invraisemblable et même impossible que les entozoaires qui existent chez un individu lui aient été transmis à l'état de germes ou à l'état de vers tout formés par son père. Nous verrons plus loin qu'en ce qui concerne la transmission par la mère, le doute est permis. Mais il n'est pas vrai de dire que les entozoaires ne peuvent vivre en dehors du corps des animaux. M. de Siebold a démontré, au contraire, comme nous aurons occasion de le dire bientôt, que diverses espèces appartenant aux genres *mermis et gordius*, que l'on confondait sous le nom de *filaria insectorum*, passent la première partie de leur existence dans le corps d'un grand nombre de larves ou d'insectes parfaits, qu'ils abandonnent ensuite pour aller vivre dans la terre humide, où ils ont besoin de se rendre pour achever leur développement et acquérir des organes génitaux. Il est même probable que beaucoup des helminthes parasites de l'homme et des animaux sont plus ou moins soumis à des conditions analogues, et qu'ils ne demeurent que pendant une partie de leur existence au sein des organes où nous les rencontrons. Les faits ne manquent pas, dès à présent, pour appuyer cette assertion, bien qu'on ne soit entré que depuis fort peu de temps dans la voie des nouvelles recherches sur ce point. Chez nos mammifères domestiques, il est, dans quelques espèces au moins, des helminthes que l'on rencontre seulement lorsqu'ils sont adultes et pourvus d'organes sexuels. Autour d'eux, l'on ne trouve que des œufs qui ne sont point éclos ou de très-jeunes animaux sortis de l'œuf depuis peu de temps. Entre ces deux états extrêmes, il y a nécessairement des états intermédiaires, et si l'on n'arrive point à les observer chez le même sujet où sont hébergés les adultes, il faut bien admettre que, pour certaines espèces d'helminthes, la vie tout entière ne s'écoule pas chez un seul animal, et qu'il est nécessaire que, par des migrations plus ou moins nombreuses, le ver passe successivement d'une espèce animale à une autre espèce animale, ou bien encore passe du monde extérieur où il a vécu pendant un certain temps dans le corps d'un animal supérieur. Parfois aussi ce ne sont point des vers adultes qui habitent dans les organes de l'homme ou des animaux. Ce sont, au contraire, des êtres encore dépourvus d'organes sexuels, et qui, pour acquérir leur complet développement, ont besoin de pénétrer dans d'autres organismes. Nous sommes donc bien loin d'admettre que les entozoaires d'une espèce animale ne peuvent vivre chez un autre individu d'une espèce différente, et que si un loup avait « dévoré des intestins d'un agneau, et, avec ces intestins, des entozoaires vivants, ceux-ci perdraient la vie dans le tube digestif du carnivore. » Car nous verrons au contraire que, dans la plupart des cas, les tænias du chien, par exemple, et probablement aussi ceux du loup, ont vécu tout d'abord sous une forme particulière dans les tissus d'un herbivore, et que c'est en faisant sa proie de celui-ci que le carnassier s'est *inoculé*, si l'on peut ainsi parler, les cestoïdes de son tube digestif. Enfin nous verrons encore que pour les vers qui résident dans l'épaisseur des tissus, on est parvenu à s'expliquer maintenant de la manière la plus satisfaisante comment ils ont pu pénétrer ainsi dans la profondeur des organes, et que pour cela il n'est pas nécessaire que les œufs circulent avec le sang, qu'ils soient excrétés, expulsés du corps, absorbés par un autre individu et portés de nouveau par la circulation dans l'organe ou le tissu qui convient à leur développement.

Ainsi tombent devant les faits les seuls arguments de quelque valeur que l'on ait produits jusqu'à présent en faveur de la génération spontanée des helminthes. Ces animaux se reproduisent par des œufs ; seulement, la reproduction s'accompagne chez eux, comme chez beaucoup d'autres animaux inférieurs, de phénomènes particuliers dont la connaissance est indispensable à l'intelligence de ce qui nous reste à dire de général sur le mode de propagation des helminthes. La reproduction des helminthes se rattache souvent en effet au mode particulier que le naturaliste danois Steenstrup a désigné sous le nom de génération alternante.

La génération alternante est, sans contredit, l'un des plus curieux phénomènes de la physiologie comparée. Chez les animaux supérieurs, comme les vertébrés, le jeune animal, déjà très-semblable à ses ascendants au moment de sa naissance, est évidemment le fils immédiat de ses parents. Il en est de même chez les insectes qui subissent des métamorphoses ; car, si au sortir de l'œuf la larve diffère essentiellement des individus adultes qui l'ont produite, il n'en est pas moins vrai qu'un même individu, après avoir éprouvé plusieurs transformations, arrive à l'état parfait sans qu'aucune génération intermédiaire se soit interposée entre lui et ses parents. La reproduction de l'espèce donne lieu, chez certains animaux, à des phénomènes d'un autre ordre.

De l'œuf issu de l'animal adulte, on voit naître un individu qui, même dans son état le plus parfait, ne présentera jamais les caractères de ses ascendants immédiats. Mais il arrivera un moment où cet être, toujours absolument dépourvu d'organes de la génération, donnera naissance, par gemmation, à un ou plusieurs êtres différents de lui-même qui, après un temps plus ou moins long, posséderont enfin les caractères de l'animal parfait dans leur espèce. On voit donc ici, entre les deux animaux adultes qui dérivent l'un de l'autre, s'interposer un être intermédiaire, agame et différent du type de l'espèce. C'est à cet être intermédiaire que Steenstrup a donné le nom de *nourrice*. On conçoit d'ailleurs qu'entre les deux individus sexués on peut voir s'interposer une, deux ou même un plus grand nombre de nourrices dissemblables (1). La génération alternante paraît être plus commune qu'on ne l'avait d'abord soupçonné. On en a signalé des exemples chez beaucoup de zoophytes, dans quelques molluscoïdes et chez quelques articulés inférieurs. Parmi les helminthes qui nous intéressent, les cestoïdes et les trématodes se reproduisent certainement par voie de génération alternante. Mais de plus, chez les uns comme chez les autres, les phénomènes que nous venons de signaler s'accompagnent de *migrations* nécessaires à la conservation des espèces, et qui viennent en compliquer l'étude. En effet les individus qui représentent l'espèce sous ses différents états, ne se rencontrent jamais chez

(1) Dans ses *Leçons sur la physiologie et l'anatomie comparée*, M. Milne Edwards a fait voir que la génération alternante ne s'éloigne pas de la génération ordinaire autant qu'on pourrait le croire au premier abord. La seule différence qui existe entre ces deux modes de reproduction, c'est que, dans le premier, on voit s'accomplir, en dehors de l'œuf, certaines phases de l'évolution du germe qui, dans le second, se passent toujours dans l'œuf lui-même. Pour le savant professeur du Muséum, trois êtres, en quelque sorte indépendants, se succèdent dans l'œuf. Le premier, auquel il donne le nom de *protoblaste*, n'est autre chose que la vésicule germinative qui procrée par gemmation la cicatricule ou blastoderme. Ce deuxième être, appelé *métazoaire*, produit à son tour le *typozoaire* ou embryon qui, plus tard, lorsqu'il parvient à l'âge adulte, est en état de reproduire le protoblaste. Dans l'immense majorité des cas, la génération successive du protoblaste, du métazoaire, et du typozoaire s'accomplit entièrement dans l'œuf, et le typozoaire seul est mis en liberté. Mais, chez les animaux à génération alternante, il n'en est plus ainsi. Le protoblaste, dès qu'il est formé, peut sortir de l'œuf, vivre dans le monde extérieur pendant un certain temps, s'y accroître, s'y modifier même, et donner naissance à un ou plusieurs métazoaires qui, à leur tour, après s'être séparés du protoblaste et avoir pris de l'accroissement, font naître un ou plusieurs typozoaires .Dans cette théorie, l'embryon infusiforme des trématodes est un protoblaste, le sporocyste est le métazoaire, et les cercaires qui, en grandissant, deviennent des douves ou d'autres distomaires, sont les typozoaires. On verra plus loin qu'il est facile de reconnaître la succession des mêmes êtres dans les proscolex, les scolex et les proglottis des tænias.

une seule espèce des animaux supérieurs qu'ils peuvent habiter. Le *cysticercus pisiformis* (Zed.) et le *tænia serrata* (Gœze), par exemple, sont deux états différents d'une même espèce zoologique, et cependant le premier habite le péritoine du lapin domestique, tandis que le second ne se trouve jamais que dans l'intestin du chien. Il en est de même du cœnure cérébral que l'on trouve dans le crâne de plusieurs ruminants, et du *tænia cœnurus* qui, n'étant qu'un autre état de la même espèce zoologique, est hébergé dans l'intestin du loup et du chien domestique, et peut-être aussi de quelques autres carnassiers du même genre. Ainsi que nous le verrons plus loin, les trématodes donnent lieu à des observations plus surprenantes encore en ce qui concerne la diversité des animaux qu'ils choisissent pour être hébergés dans leurs différents états. Quoi qu'il en soit, on nomme *migration* l'ensemble des phénomènes qui se produisent lorsqu'un helminthe, après avoir accompli l'une des phases de son existence dans les organes d'un animal déterminé, passe chez un animal d'une autre espèce, afin d'y vivre dans des conditions nouvelles indispensables à son développement ultérieur. Souvent les vers jouent un rôle absolument passif dans ces migrations. C'est ce qui arrive, par exemple, pour les cystiques de nos herbivores domestiques qui, lorsqu'ils sont développés dans le péritoine ou dans le crâne des ruminants, attendent que ces derniers animaux deviennent la proie d'un carnassier pour être transportés dans l'intestin où ils doivent devenir des tænias. D'autres fois, au contraire, les vers concourent plus ou moins activement à l'accomplissement de leurs migrations. M. de Siebold a signalé à ce sujet les manœuvres curieuses auxquelles se livre le *cercaria armata* (Sieb.) pour pénétrer dans le corps des larves d'insectes où il doit s'enkyster, et nous verrons plus tard que les embryons de tænias ne restent pas inactifs quand il faut qu'ils soient transportés au sein des tissus où doit s'accomplir leur première transformation.

Ainsi, chez les trématodes et chez les cestoïdes, la reproduction se fait suivant le mode de la génération alternante, et elle s'accompagne de migrations plus ou moins nombreuses qui sont loin d'être toutes bien connues dans leurs diverses circonstances. Chez les nématoïdes, au contraire, les phases de l'évolution du germe s'accomplissent toutes dans l'intérieur de l'œuf. Le jeune embryon présente déjà, au moment de sa naissance, la forme caractéristique des vers de son ordre, et si plus tard il doit, comme les sclérostomiens, par exemple, subir dans son organisation des modifications que l'on peut regarder comme des métamorphoses, il n'en est pas moins destiné à devenir lui-même le type sexué de son espèce, sans qu'aucune génération s'interpose jamais entre lui et ses ascendants directs. Malgré cette différence essentielle, les nématoïdes paraissent être soumis, dans la plupart des cas, à la nécessité d'accomplir des migrations comparables à celles des cestoïdes et des trématodes. On pouvait déjà le présumer il y a quelques années, car depuis longtemps on avait observé qu'un grand nombre de vers de cet ordre ne se trouvent dans certains organes qu'à l'âge adulte, et l'on avait conclu de là qu'ils avaient dû nécessairement passer, en dehors des points où on les rencontrait, une ou plusieurs phases de leur existence. Aujourd'hui, le doute n'est plus permis, et la science possède des faits dans lesquels les migrations de certains nématoïdes ont été complétement dévoilées. L'un des plus intéressants est dû aux observations de M. de Siebold. Cet habile zoologiste, après avoir constaté que plusieurs espèces des genres *mermis* et *gordius*, que l'on avait confondues jusqu'à présent sous le nom de *filaria insectorum*, sont encore dépourvues d'organes sexuels, lorsqu'elles vivent dans les organes des insectes et des larves où on les rencontre ordinairement, a reconnu également que ces vers, arrivés à un certain développement, quittent le corps de l'hôte qui les a hébergés jusqu'alors et s'enfoncent dans la terre humide. Là ils s'accroissent, prennent peu à peu des organes génitaux, et ne tardent pas à pondre dans la terre des œufs en grand nombre. A leur tour, ceux-ci éclosent, et les jeunes individus qui en sortent, destinés à vivre en parasites dans les premiers temps de leur existence, attendent qu'une occasion se présente à eux de pénétrer au sein de l'organisme d'un animal semblable à ceux chez lesquels ont vécu leurs ascendants. Si, en effet, comme l'a fait M. de Siebold, on place sur la terre humide qui contient les jeunes vers des chenilles nouvellement écloses des genres *yponomeuta*, *pontia*, *liparis*, *gastropacha*, dont la transparence à cet âge permet facilement les études microscopiques, on ne tarde pas à voir les parasites s'introduire dans les organes de l'hôte qu'ils ont choisi afin d'y vivre pendant la première phase de leur existence.

Une migration inverse à celle que M. de Siebold a étudiée chez les mermis se fait observer chez les sclérostomiens de nos animaux domestiques. Ici en effet, les vers adultes vivent dans les intestins des mammifères et pondent dans ces régions des œufs en abondance. Ceux-ci portés au dehors éclosent, et les jeunes vers qui naissent de leur éclosion ont besoin de demeurer pendant quelque temps dans les matières fécales pour s'y accroître, y subir des mues, et ne revenir dans l'organisme qu'après avoir passé dans le monde extérieur la première phase de leur existence.

Les sclérostomiens, comme les mermis, ne sont donc en réalité parasites que pendant une partie de leur vie. Il n'en est plus de même du *trichina spiralis* (Owen) qui va nous fournir un dernier et bien remarquable exemple de migration chez les nématoïdes.

Le *trichina spiralis* a été signalé pour la première fois par M. Owen, en 1835, dans les muscles de l'homme. Il a depuis été trouvé à différentes reprises dans le tissu musculaire de beaucoup de vertébrés différents où il occupe des espèces de capsules d'un millimètre environ de longueur. Lorsqu'il est ainsi enkysté, il est dépourvu d'organes sexuels ; mais M. Virchow a démontré qu'il suffit de le faire arriver dans l'intestin d'un chien, d'un lapin ou d'un autre mammifère pour que ses organes génitaux se forment et qu'il devienne en état de se reproduire. Les femelles qui sont ovovivipares ne tardent pas alors à pondre un grand nombre d'embryons microscopiques qui, en passant à travers les tissus, pénètrent jusque dans les muscles où ils s'enkystent et où ils attendent qu'une migration passive les fasse arriver, comme leurs ascendants, dans le tube digestif d'un mammifère ou d'un autre vertébré.

Ainsi tout concourt à démontrer que les migrations, dont la nécessité est si bien établie maintenant pour les cestoïdes et pour les trématodes, ne sont pas moins indispensables aux nématoïdes qu'aux autres helminthes. Nous devons même ajouter que les hématozoaires, qui ont été vus d'abord dans le sang du chien par MM. Delafond et Gruby, ne sont, pour certains auteurs, que des vers surpris au moment où ils accomplissaient une migration à la faveur du mouvement imprimé au liquide circulatoire. Ces curieux exemples de migrations nous font assez comprendre combien il nous reste encore de choses à découvrir dans l'histoire des parasites de l'homme et des animaux, et combien cette étude pourrait répandre de lumière sur l'importante question de l'étiologie des maladies vermineuses.

Les circonstances qui accompagnent la reproduction des helminthes nous permettent de reconnaître l'utilité de l'innombrable quantité d'œufs que chacun de ces petits animaux peut produire. Lorsque l'on dissèque des vers intestinaux sous le champ du microscope, on est effrayé du nombre infini de ces germes qui, s'ils arrivaient tous à rencontrer les conditions indispensables à leur développement ultérieur, anéantiraient sans aucun doute les espèces plus élevées en organisation qu'ils attaquent ordinairement. M. de Siébold évalue à un million au moins le nombre des œufs que produit un seul *tœnia solium* (L.), et l'on peut croire que cette évaluation reste au-dessous de la vérité. D'après Dujardin, un seul *tœnia serrata* peut fournir successivement au moins deux cents anneaux qui contiennent chacun 5 millim. cubes d'œufs. Il en résulterait 1,000 millim. cubes ou 25 millions d'œufs pour chaque tænia. Enfin le professeur Eschricht, de Copenhague, après avoir examiné avec soin les organes génitaux de l'ascaride de l'homme (*ascaris lumbricoïdes*), porte à plusieurs millions le nombre des œufs qui peuvent s'y trouver. Comment ne pas comprendre que cette prodigieuse fécondité est en rapport avec les obstacles que les espèces rencontrent à leur conservation, lorsque non-seulement le transport des germes dans des conditions indispensables à leur développement, mais encore l'accomplissement des migrations de ces êtres parasites se trouvent subordonnés aux chances du hasard. Il n'y a donc jamais qu'un nombre infiniment petit des œufs des helminthes qui produisent des vers destinés à devenir adultes. Mais ces œufs sont indispensables à la conservation de chaque espèce, et s'il arrivait que tout à coup tous les individus d'une espèce déterminée fussent anéantis ou privés de la faculté de se reproduire, l'espèce s'éteindrait irrévocablement, car, ainsi que nous croyons l'avoir démontré, il n'y a point de génération spontanée pour les helminthes.

Quelque considérable que soit la quantité d'œufs que produisent les helminthes, cette quantité ne suffirait pas encore pour assurer la conservation des espèces, si la nature n'avait pris le soin de douer les embryons d'une vitalité en quelque sorte extraordinaire, et de les protéger contre les chances multipliées de destruction auxquelles ils seraient exposés, pendant qu'ils attendent que pour eux se présentent les conditions favorables à l'éclosion. La conservation du vitellus ou de l'embryon, lorsqu'il est formé, est assurée par les propriétés toutes particulières qui ont été données à la coque de l'œuf. Celle-ci, en effet, offre une telle résistance et une elle imperméabilité qu'elle ne peut être attaquée que par les agents chimiques doués d'une certaine énergie, et que dans la plupart des cas elle suffit pour protéger le contenu de l'œuf contre tous les corps qui, dans les circonstances ordinaires, pourraient l'altérer. Dans de nombreuses expériences que nous avons faites pour étudier l'évolution du germe chez les nématoïdes, nous avons souvent retrouvé les enveloppes des œufs des sclérostomiens parfaitement intactes plusieurs mois après l'éclosion des jeunes vers qu'elles renfermaient. Dans d'autres circonstances, le vitellus ou l'embryon ayant été tué par une cause quelconque dans des œufs d'ascarides, d'oxyures, de trichocéphales, nous avons vu ces œufs se conserver avec leur forme, bien que leur contenu fût altéré, pendant une année et au delà, à la faveur de la résistance considérable de la coque. Mais ce n'est pas tout, et les œufs des helminthes ont le pouvoir de résister à des causes de destruction qui offrent bien plus de puissance encore, car, d'après M. Van Bénéden, on a pu voir se développer des embryons dans des œufs tirés de préparations anatomiques conservées depuis plusieurs années dans l'alcool, ou même plongées dans l'acide chromique.

On conçoit qu'avec une telle résistance de la coque des œufs, il suffit que les vitellus ou les embryons soient doués d'une vitalité toute particulière pour qu'à un moment donné l'éclosion ait lieu quand des circonstances favorables se présentent. De nombreux exemples démontrent que cette vitalité est développée au plus haut point, et nous pouvons citer surtout ceux qui sont offerts par les œufs des ascarides ou par ceux de certains tænias.

Lorsqu'on prend les œufs de diverses espèces d'ascarides dans les organes génitaux des femelles, après que la fécondation a eu lieu, il suffit de les placer dans l'eau dans un verre de montre ou dans une petite capsule de verre à une douce température ($+16°$ à $+20°$ ou $+25°$) pour voir les embryons se former dans l'espace de dix jours à un mois environ. Les jeunes vers n'éclosent point alors, car, à moins de circonstances exceptionnelles, ils ne peuvent sortir des œufs que lorsque ceux-ci sont portés dans les intestins, mais ils paraissent doués de la propriété de demeurer vivants dans leurs enveloppes pendant un temps considérable. C'est ainsi que M. Verloren a pu conserver pendant plus de douze mois des œufs de l'*ascaris marginata* (Rud.), dans lesquels les embryons formés dès le quinzième jour sont restés vivants bien qu'ils aient été exposés à toutes les rigueurs de l'hiver et aux chaleurs de l'été. Nous avons observé nous-même des faits analogues pour les œufs de l'*ascaris mystax* (Zed.) du chat, de l'*ascaris megalocephala* (Cloq.) du cheval, et de l'*ascaris suilla* (Duj.) du porc. La vitalité du vitellus qui ne se segmente pas immédiatement, n'est pas moins remarquable que celle des embryons formés. Parfois il arrive, sous l'influence de causes diverses que nous n'avons pas à énumérer ici, que l'œuf, bien qu'il soit fécondé, demeure fort longtemps dans l'état où il était au moment de la ponte, sans perdre néanmoins la faculté de laisser plus tard un embryon se développer dans son intérieur. Nous avons même vu, dans certains cas, la segmentation du vitellus commencer dans les œufs d'ascarides par une température convenable, se suspendre sous l'influence du froid, pour reprendre ensuite son cours ; et cela à diverses reprises, sans que la vie ait été anéantie chez les embryons en voie de développement. Le temps pendant lequel la vie peut se conserver ainsi à l'état latent dans les œufs de certains helminthes, placés d'ailleurs dans des conditions favorables, paraît être très-long. C'est ainsi, par exemple, que nous trouvons dans nos notes des faits où la formation de l'embryon n'a été parfaite dans les œufs des *ascaris marginata*, *A. megalocephala*, *A. swilla*, *A. mystax*, qu'après six mois, six mois et demi, sept mois et demi et même onze mois. De son côté, M. Davaine a vu les embryons du *trichocephalus dispar* (Crep.) et ceux de l'*ascaris lumbricoïdes* (L.) ne commencer à se développer que six ou huit mois après le jour où il avait recueilli les œufs sur lesquels portaient ses études. Enfin nous devons ajouter encore que, pour certaines espèces d'helminthes, un froid rigoureux ne paraît point susceptible de tuer les embryons dans les œufs, et que chez un cestoïde, que nous signalerons plus loin, les embryons sont demeurés pleins de vie dans leurs œufs après un séjour de vingt-quatre heures des anneaux qui les renfermaient dans une épaisse couche de glace.

En présence de ces faits, il est impossible de dire pendant combien de temps les œufs d'helminthes peuvent conserver la faculté d'éclore, mais il est certain que ce temps doit être bien plus long qu'on ne serait tenté de le supposer tout d'abord.

Les helminthes se rencontrent très-communément dans les diverses parties du corps des mammifères domestiques, et ainsi que nous l'avons dit plus haut, ils habitent non-seulement les organes qui sont en libre communication avec le dehors, mais encore des cavités closes de toutes parts, et même le parenchyme des viscères qui, au premier abord, paraissent le mieux protégés contre leurs atteintes. Quelques espèces sont beaucoup plus répandues que d'autres. Ainsi on n'ouvre presque point de solipèdes sans rencontrer des *sclerostoma equinum* (de Blainv.) dans le gros intestin et notamment dans le cœcum. Les ascarides se trouvent aussi presque toujours chez les chiens ou les chats dont on fait l'autopsie, et les vétérinaires savent assez combien le *fasciola hepatica* (Linn.) est fréquent dans les canaux biliaires du mouton. D'autres espèces, pour être moins communes, n'en sont pas moins encore assez répandues. Mais il existe aussi des vers intestinaux qui sont infiniment rares, qui ne se rencontrent que de loin en loin, et même parfois seulement chez des animaux appartenant à des localités particulières. Quoi qu'il en soit, dans la plupart des cas, les vers intestinaux ne paraissent pas causer de malaise aux animaux qui les hébergent, et qui conservent encore au moins toutes les apparences de la santé. Cependant lorsque les helminthes se multiplient beaucoup chez un même animal, ils peuvent déterminer des maladies graves et même entraîner la mort. Quelquefois aussi il suffit d'un très-petit nombre de vers pour produire des accidents sérieux. Un seul strongle géant dans les reins du cheval ou du chien, un seul cœnure dans le crâne des ruminants, suffisent pour déterminer des affections qui jusqu'à présent se sont montrées incurables. Ces motifs font assez comprendre l'intérêt qui s'attache à l'étude de l'étiologie des maladies vermineuses.

Nous l'avons dit, il n'est qu'une seule cause qui puisse provoquer l'apparition de vers dans l'organisme animal, c'est le transport au sein des organes ou des tissus d'œufs fécondés ou de vers déjà plus ou moins bien formés. Mais on comprend parfaitement qu'il puisse exister en dedans ou en dehors de l'organisme des circonstances particulières qui favorisent la conservation des œufs, leur éclosion, leur transport dans le corps des animaux, ainsi que le développement et les migrations des êtres inférieurs qui en sortent. Jusqu'à présent ces circonstances paraissent être bien peu connues, et l'on ne doit point s'en étonner, puisque l'on commence à peine à savoir quelque chose de certain sur le mode de reproduction des helminthes. Cependant il est présumable que les causes auxquelles on a uniquement attribué jusque dans ces derniers temps les maladies vermineuses, ne sont pas sans influence sur la production, la conservation et la multiplication des helminthes. Tous les efforts des pathologistes qui auront à s'occuper de cette question devront donc tendre désormais à rechercher les rapports entre les causes anciennement connues des maladies vermineuses et le mode de reproduction des helminthes. Nous n'avons point l'intention de traiter ici cette question difficile, et pour la solution de laquelle, hâtons-nous de le dire, les éléments nous manquent encore. Cependant nous ne pouvons nous dispenser de consacrer quelques mots à ce sujet.

Au nombre des causes auxquelles on a attribué les maladies vermineuses, celles que l'on a le plus souvent invoquées sont : le jeune âge, la vieillesse, la faiblesse de l'organisme produite par de mauvaises conditions hygiéniques, l'humidité dans les pâturages et l'usage des aliments recueillis dans des prairies humides ou fréquemment inondées, et enfin l'hérédité.

Tout le monde sait que dans l'espèce humaine les enfants rendent fréquemment des vers et surtout des ascarides. Chez nos mammifères domestiques, les jeunes animaux paraissent être aussi plus souvent et plus facilement que les adultes attaqués par les helminthes. C'est ainsi, par exemple, que dans les nombreuses expériences qui ont été faites jusqu'à ce jour pour étudier les migrations et les métamorphoses des cestoïdes, on a presque toujours réussi à faire naître des tænias dans l'intestin du chien, ou des cœnures dans le crâne des bêtes ovines, en opérant sur de jeunes animaux, tandis que les succès ont été beaucoup plus rares lorsqu'on s'est servi d'individus adultes. Cela résulte sans doute de ce que, dans le jeune âge, les tissus moins bien formés, environnés d'une plus grande quantité de tissu cellulaire, pénétrés abondamment des divers liquides organiques nécessaires aux phénomènes d'une nutrition plus active, opposent moins d'obstacles au passage des vers tout formés ou des embryons qui se rendent au sein des organes pour accomplir une des phases de leur existence. Dans l'âge adulte, au contraire, si l'animal est doué d'une bonne constitution, et s'il vit dans des conditions hygiéniques normales, il offre au développement des helminthes une telle résistance, que souvent même il se débarrasse spontanément de ceux qu'il a contractés dans le jeune âge. Aussi les vers sont-ils peu nombreux chez les animaux adultes robustes et bien constitués, et, lorsque l'on en rencontre dans ces conditions, il est probable que l'époque de leur introduction dans l'organisme doit remonter aux premiers temps de la vie. Les tissus mieux organisés, plus denses, entremêlés d'une moins grande quantité de tissu cellulaire, se prêtent alors beaucoup moins facilement au passage des vers, en même temps que les diverses sécrétions des organes digestifs et des autres appareils en libre communication avec le monde extérieur mieux élaborées, attaquent plus énergiquement et détruisent plus sûrement les germes ou les êtres inférieurs tout formés qui sont accidentellement portés au sein des organes. Dans la vieillesse, si les vers reparaissent plus nombreux que dans l'âge adulte, ce n'est pas que les tissus reprennent, si l'on peut ainsi parler, la perméabilité qu'ils avaient dans le jeune âge. Loin de là, leur densité tend à s'accroître encore, et ceux des helminthes qui ont besoin de voyager à travers les tissus pour arriver dans certains organes, doivent éprouver plus de difficulté à accomplir leurs migrations. Mais chez les animaux âgés, il arrive souvent que les fonctions languissent, que les sécrétions se modifient dans leurs produits au point de permettre aux aliments de traverser le tube digestif sans céder à l'absorption tout ce qu'ils renferment de principes assimilables, de telle sorte que les entozoaires qui arrivent tout formés ou à l'état de germes résistant parfaitement aux forces digestives affaiblies, s'installent sans peine et souvent en grand nombre au milieu des organes. Ce que nous disons des animaux affaiblis par l'âge, peut se dire avec plus de raison encore de ceux qui ont longtemps vécu dans de mauvaises conditions hygiéniques, et dont l'organisme miné par la misère, par une alimentation insuffisante ou avariée, par un travail excessif, ne peut offrir aucune résistance à l'introduction et au développement des helminthes. Ici tout est réuni pour favoriser l'invasion des vers parasites. Le sang appauvri ne suffit plus à réparer les pertes de l'économie, les tissus ont perdu leur tonicité, les sécrétions sont toutes plus ou moins altérées, et nulle part l'entozoaire ne rencontre le moindre obstacle qui s'oppose à sa progression à travers les tissus, ou à son développement au sein des organes. Que des germes plus ou moins nombreux viennent alors à être portés dans l'économie par une cause quelconque, et tous, ou presque tous, ils pourront éclore et se développer. L'affaiblissement de l'organisme, qu'il dérive du jeune âge, ou de la vieillesse, ou de mauvaises conditions hygiéniques, n'est donc point la cause première de la production des helminthes, mais il favorise leur naissance et leur développement en offrant aux germes ou aux vers déjà plus ou moins formés, les conditions les plus avantageuses à l'éclosion des œufs, à la conservation et à l'entretien de la vie chez les parasites, et à leur progression à travers les tissus lorsqu'ils ont besoin d'accomplir quelque migration.

Tous les auteurs qui se sont occupés de l'étude des maladies vermineuses ont accusé l'humidité d'être l'une des causes qui prédisposent le plus l'économie animale à se laisser envahir par les vers. C'est surtout pendant les années pluvieuses, et particulièrement lorsque les moutons vont paître fréquemment dans des pâturages humides, au voisinage des marais ou des étangs, que l'on voit apparaître en grand nombre chez ces animaux, le *strongylus filaria* (Rud.) des bronches, le *fasciola hepatica* (Lin.) et le *distoma lanceolatum* (Mehl.) du foie, le *cysticercus tenui-collis* (Rud.) du péritoine, et parfois même le *cœnurus cerebralis* (Rud.) du crâne. Bien que les connaissances que l'on possède sur la reproduction des helminthes soient encore imparfaites, il est cependant facile de saisir dès à présent la relation qui existe entre l'humidité et la multiplication de certains vers. Si, en effet, au sortir du corps de l'animal qui les a produits, les œufs de ces annelés inférieurs demeurent exposés à l'action de l'air et de la chaleur atmosphérique, ils se dessèchent promptement, et beaucoup sont entièrement perdus pour la conservation de l'espèce. Si, au contraire, ils sont plongés dans l'eau, ou simplement déposés dans un endroit humide, ils ne s'altèrent que fort lentement et peuvent pendant longtemps garder vivant dans leur intérieur l'embryon que chacun d'eux renferme. Déjà nous avons dit comment nous avons pu conserver pendant plusieurs mois des œufs de différents vers et même des embryons éclos du *strongylus filaria* (Rud.), nous n'y reviendrons pas. Mais nous ne devons pas omettre de faire observer que chez quelques espèces dont nous avons suivi le développement, les embryons, au sortir des œufs, nagent avec tant de facilité dans l'eau sous les yeux de l'observateur, que l'on est naturellement amené à penser que ces petits animaux sont destinés à vivre et à se conserver dans ce liquide où doivent peut-être se passer, dans les vues de la nature, les premiers instants de leur existence. Il ne serait donc pas déraisonnable de croire que, pour ces espèces au moins, l'humidité est une des conditions de la conservation des vers, tout comme elle est indispensable à l'existence des douves et des amphistomes qui appartiennent à la famille des distomiens dans l'ordre des trématodes. On ne sait encore rien de précis, il est vrai, sur le mode de reproduction des trématodes parasites de nos animaux domestiques; mais s'il est permis d'invoquer les analogies, on peut croire que ces vers soumis aux lois de la génération alternante ont des nourrices, que celles-ci ne peuvent vivre que chez quelques mollusques ou d'autres animaux aquatiques, et que, par conséquent, ce n'est guère qu'en fréquentant les pâturages humides, que les moutons, déjà affaiblis par une alimentation mauvaise, sont exposés aux atteintes du *fasciola hepatica* (Lin.) et du *distoma lanceolatum* (Mehl.). C'est donc avec raison que de tout temps on a recommandé aux bergers d'éloigner leurs troupeaux des endroits humides, car sans se rendre compte précisément des dangers que pouvaient y courir les bêtes à laine, on les écartait de l'une des plus puissantes causes du développement des parasites dans l'organisme

Les quelques détails dans lesquels nous sommes entré relativement aux phénomènes de la reproduction chez les helminthes, démontrent assez qu'il ne peut pas y avoir de maladies vermineuses qui soient réellement héréditaires, dans le sens absolu que l'on attache à ce mot. S'il est vrai, en effet, que les vers se reproduisent constamment par des œufs, on ne saurait admettre que les ascendants mâles puissent transmettre à leurs produits les germes des helminthes qui se développeront plus tard dans leurs organes. Bérard a surabondamment démontré qu'il faudrait pour cela un concours de circonstances tellement extraordinaires, qu'il suffit de les énoncer, comme nous l'avons fait plus haut, pour que l'on reconnaisse aussitôt quelles ne peuvent jamais se trouver réunies. Mais en est-il de même en ce qui concerne les femelles. Ici le doute est permis. Des observations admises comme vraies par les uns, vivement contestées par les autres, ont signalé l'existence d'entozoaires, non-seulement chez de jeunes animaux immédiatement après leur naissance, mais encore chez des fœtus morts avant d'avoir vu le jour. Pour moi, bien que j'aie fait plusieurs fois, et avec beaucoup de soin l'autopsie de fœtus encore enfermés dans l'utérus, jamais je n'ai trouvé d'helminthes dans leurs organes. Je dois le dire toutefois, le fait ne me paraît pas absolument impossible, mais dans le cas où il existerait réellement, je ne crois pas qu'il soit nécessaire pour s'en rendre compte de recourir à la génération spontanée, ni d'admettre l'explication dont Bérard a si bien démontré l'invraisemblance. Si en effet, il est vrai, comme cela paraît être bien prouvé aujourd'hui au moins pour certaines espèces, que les helminthes voyagent parfois au sein des tissus, on comprend parfaitement que la présence de certains d'entre eux chez le fœtus soit le résultat de leurs migrations. Il pourrait donc y avoir ici en réalité une sorte d'hérédité particulière; mais il est probable que si elle se manifeste jamais, elle doit être infiniment rare. Aussi je ne crois pas que ce soit d'une hérédité de cette nature que l'on ait entendu parler, lorsque l'on a dit que certaines maladies vermineuses jouissaient du fâcheux privilége d'être héréditaires. En dehors de cette transmission douteuse des helminthes de la mère à son produit, par suite des migrations de ces êtres inférieurs pendant la gestation, l'hérédité absolue des maladies vermineuses n'est pas probable; on pourrait même dire qu'elle n'est pas admissible. Mais il n'en est pas de même de la prédisposition à héberger les helminthes quand ceux-ci parviennent à pénétrer dans l'économie. Il est facile de concevoir qu'un animal à tempérament mou et lymphatique, dont l'organisme n'offre que peu ou point de résistance à l'immigration des vers, donnera souvent naissance à des êtres lymphatiques comme lui, et chez lesquels les parasites pourront pénétrer, vivre et se développer avec tout autant de facilité. C'est dans ce sens seulement qu'il faut admettre l'influence héréditaire dans la question qui nous occupe. Encore ne faut-il pas lui donner plus d'importance qu'elle n'en a réellement, et prendre pour des résultats de l'hérédité ce qui tient souvent à bien d'autres causes. Le tournis des ruminants, par exemple, est généralement considéré comme héréditaire, et très-certainement il peut l'être dans les limites que nous venons d'indiquer, mais aussi combien de fois cette transmission apparente ne résulte-t-elle pas de ce que la cause qui a déterminé la maladie chez les ascendants, subsiste encore avec toute son énergie auprès des jeunes produits. Les nombreuses observations que l'on a faites sur l'homme démontrent que le ver solitaire peut exister pendant plusieurs années dans l'intestin d'un malade, et fournir de temps à autre, et en abondance, des anneaux qui sont expulsés avec les matières fécales. Le *tænia cœnurus* (Küch.) qui, ainsi que nous le verrons, produit les œufs d'où émanent les vésicules des cœnures, est une espèce très-voisine du *tænia solium* (Lin.) de l'homme et se comporte exactement de la même manière. Nous avons possédé, en effet, pendant cinq ans, une chienne dans l'intestin de laquelle nous avions fait naître des *tænia cœnurus* (Küch), et qui pendant longtemps a expulsé fréquemment des anneaux dont nous nous sommes servi à diverses reprises pour déterminer le tournis chez des veaux, des chevreaux et des agneaux. Or ce tænia peut très-certainement être hébergé par les chiens employés à la garde des troupeaux, et l'on comprend aisément, d'après cela, qu'un seul chien puisse empoisonner, s'il est permis de s'exprimer ainsi, plusieurs générations dans un troupeau de bêtes ovines, et faire croire à l'hérédité là où réellement elle n'existe pas.

Dans la classe des helminthes, les espèces sont excessivement nombreuses. Il n'existe peut-être point d'espèce, au moins parmi les animaux supérieurs, qui ne puisse héberger quelques vers distincts. Aussi est-il certain que beaucoup de ces êtres inférieurs sont encore inconnus des zoologistes. Quoi qu'il en soit, le

nombre de ceux que l'on a étudiés jusqu'à présent est assez considérable pour que l'on ait dû les classer suivant un ordre mé-
thodique. Des classifications diverses ont été proposées pour les
helminthes. Il serait inutile de les examiner toutes ; nous nous
bornerons donc à rappeler celles qui sont le plus généralement
suivies, en insistant particulièrement sur celle que nous devons
adopter.

Cuvier plaçait la classe des intestinaux dans l'embranchement
des zoophytes, et la partageait en deux ordres : les cavitaires et
les parenchymateux. Mais cette classification n'est plus en rapport avec les progrès de la science. Les intestinaux, par les caractères tirés de leur organisation générale, et surtout de leur
système nerveux, appartiennent bien évidemment à l'embranchement des animaux annelés. Des dissections minutieuses ont
d'ailleurs démontré que parmi les cavitaires de Cuvier, il est
des animaux qui doivent être reportés jusque dans la classe des
crustacés, et que la dénomination de parenchymateux qu'il applique aux plus dégradés de ces êtres ne peut donner qu'une
idée très-fausse de leur organisation.

Avant Cuvier, Rudolphi, dont la vie presque tout entière avait
été consacrée à l'étude des intestinaux, ayant mis à profit les
travaux de Gœze et de Zeder, partageait ces animaux, qu'il désignait sous le nom d'*entozoaires*, en cinq ordres : les *nématoïdes*,
les *acanthocéphales*, les *trématodes*, les *cestoïdes* et les *cystiques*.
En général, les helminthologistes modernes ont conservé les
trois premiers ordres de Rudolphi. Quelques-uns d'entre eux
seulement ont aujourd'hui de la tendance à réunir provisoirement les acanthocéphales aux nématoïdes. Quant aux cystiques,
nous verrons que non-seulement ils ne peuvent plus former un
ordre à part, mais encore qu'ils ne sont autre chose qu'un état
particulier dans lequel se trouvent les cestoïdes avant d'avoir
atteint leur complet développement.

Dans son histoire naturelle des helminthes, publiée en 1845,
Dujardin, dont la science déplore encore la perte, partage cette
grande classe en cinq ordres : les *nématoïdes*, les *acanthothèques*,
les *trématodes*, les *acanthocéphales* et les *cestoïdes*. Cette classification est encore parfaitement en rapport avec l'état de la
science, seulement il faut en distraire les acanthothèques que
tout le monde s'accorde à placer maintenant parmi les crustacés.

M. Emile Blanchard, dans un travail publié de 1847 à 1849,
dans les *Annales des sciences naturelles*, admet, dans le sous-

embranchement des vers, dont il sépare les annélides, cinq classes qui sont : les *anévormes* correspondant en partie aux trématodes de Rudolphi et de Dujardin, les *cestoïdes* avec lesquels sont naturellement confondus les cystiques de Rudolphi, les *helminthes* qui ne comprennent que les nématoïdes et les acanthocéphales des autres helminthologistes, les *némertiens* parmi lesquels ne se trouvent point de vers parasites et les *acanthothèques* qui, ainsi que le dit M. Blanchard lui-même, à la fin de son travail, doivent être définitivement placés parmi les crustacés.

Enfin M. van Bénéden, dont les remarquables travaux ont fait faire un si grand pas à l'helminthologie reporte les intestinaux dans l'embranchement des animaux *allocotylés,* et les répartit dans deux classes de cet embranchement : 1° les *nématoïdes*, avec lesquels restent provisoirement les *acanthocéphales;* 2° les *cotylides*, qui, outre les *polypodes* et les *hirudinées*, dont nous n'avons point à nous occuper, comprennent encore les *trématodes* et les *cestoïdes.*

Pour nous, qui ne devons étudier ici les helminthes que dans leurs rapports avec nos principaux animaux domestiques, nous ne parlerons en aucune façon des vers qui ne sont pas parasites et nous traiterons successivement des trois ordres des *nématoïdes*, des *trématodes* et des *cestoïdes.* A l'exemple de M. Blanchard et de M. van Bénéden, nous réunirons provisoirement l'histoire des *acanthocéphales* à celle des nématoïdes. Quant aux *acanthothèques*, ce sont, comme nous l'avons dit, des crustacés, et c'est à l'article *linguatule* que l'on trouvera l'exposé de leurs caractères, de leur organisation et de leurs mœurs.

I. ORDRE DES NÉMATOIDES. — Ainsi que nous l'avons dit, tout à l'heure, nous comprenons dans cet ordre les *nématoïdes vrais* et les *acanthocéphales.* Ceux-ci différant beaucoup des premiers, nous tracerons d'abord les caractères des *nématoïdes vrais* ; en nous occupant plus loin des acanthocéphales, nous ferons connaître en quoi ils se distinguent des vers auxquels on les réunit jusqu'à ce qu'ils soient mieux connus dans leur développement.

A première vue, les nématoïdes se distinguent aisément de tous les autres helminthes par la forme de leur corps qui est cylindroïde dans la plus grande partie de son étendue et plus ou moins atténué à chacune de ses extrémités. Ils sont tous pourvus d'un tégument résistant, marqué de stries transversales nombreuses, et assez régulièrement espacées pour que Dujardin ait pu considérer leur écartement comme constituant un caractère spécifique d'une certaine valeur. Souvent ils portent dans diverses régions de leur corps des prolongements membraneux qui peuvent, comme les bourses caudales des mâles chez les strongyliens et les sclérostomiens, et les ailes membraneuses de la tête chez l'*ascaris mystax* (Rud.), servir à distinguer les espèces et les genres. Au-dessous du tégument existent des couches musculaires généralement très-développées.

Tous les nématoïdes sont munis d'un tube digestif à deux ouvertures. La bouche est terminale, tout à fait antérieure, ou bien parfois placée un peu sur le côté comme cela se fait observer par exemple chez le *dochmius trigonocephalus* (Duj.) Dans la plupart des espèces, l'œsophage fait suite à la bouche sans en être séparé par une cavité quelconque, mais parfois aussi il existe entre l'ouverture buccale et la naissance de l'œsophage une cavité tantôt en forme de cupule hémisphérique à parois résistantes et comme cornées, tantôt en forme d'entonnoir à laquelle on a donné le nom de capsule ou de cavité pharyngienne. L'œsophage cylindrique, triquètre ou même renflé en massue dans sa partie postérieure, vient s'ouvrir quelquefois dans une dilatation plus ou moins marquée du tube digestif qui constitue alors un estomac ou ventricule, ou bien il se continue immédiatement par l'intestin sans qu'aucune cavité s'interpose entre eux deux. L'intestin n'est jamais ramifié, son diamètre est en général un peu plus grand que celui de l'œsophage. Il s'étend directement de son origine à l'anus. Il peut offrir dans son trajet quelques sinuosités, mais jamais il ne se replie sur lui-même de manière à former des circonvolutions. L'anus est quelquefois terminal, mais, dans la plupart des cas, il est placé à une petite distance en avant de l'extrémité de la queue. Chez quelques nématoïdes, deux glandes que l'on pourrait appeler des glandes salivaires, sont annexées au tube digestif. Elles sont placées dans la partie antérieure du corps au voisinage de l'œsophage et de la première portion de l'intestin. Elles ont l'aspect d'ampoules de formes variées, dont le fond est dirigé en arrière, et dont l'extrémité antérieure se continue par un canal excréteur très-grêle, qui vient s'ouvrir dans la bouche. J'ai constaté la présence de ces glandes chez plusieurs vers parmi lesquels je signalerai l'*oxyuris curvula* (Rud.), le *sclerostoma hypostomun* (Duj.), le *sclerostoma equinum* (de Blainv.), le *dochmius trigonocephalus* (Duj.), et le *strongylus filaria* (Rud.)

Chez les nématoïdes, de même que chez les autres vers, il est à présumer que la distribution des fluides nourriciers s'effectue principalement par l'intermédiaire du système cavitaire général et de ses dépendances. Mais de plus, ces animaux sont encore pourvus de vaisseaux particuliers qui ont été signalés par M. Blanchard. Ces vaisseaux sont au nombre de deux de chaque côté du corps, l'un profond, l'autre superficiel. Ils ont des parois propres et sont enfermés l'un et l'autre dans un même tube à parois spongieuses, presque entièrement constituées par du tissu cellulaire. Antérieurement et au niveau de l'œsophage, les deux vaisseaux profonds forment entre eux une arcade anastomotique sur le trajet de laquelle existe une petite dilatation que M. Blanchard considère comme un vestige de cœur. Quant aux vaisseaux superficiels, ils communiquent soit avec le cœur, soit avec les vaisseaux profonds dans la partie postérieure du corps, à l'aide de canaux anastomotiques très-grêles. Du reste, les uns et les autres de ces vaisseaux ne fournissent que peu ou point de ramifications.

Le système nerveux des nématoïdes est représenté par deux paires de petits ganglions situés sur les parties latérales de l'œsophage et unis à ceux du côté opposé par deux commissures nerveuses qui, passant l'une au-dessus, l'autre au-dessous de l'œsophage, constituent un collier œsophagien complet. De ces ganglions émanent de petites divisions qui se distribuent dans la tête, et deux cordons nerveux principaux qui, descendant dans toute la longueur du corps, ne présentent point de renflements ganglionnaires sur leur trajet, et jettent quelques divisions très-fines dans les organes au voisinage desquels ils sont placés.

Dans l'ordre des nématoïdes, les sexes sont toujours séparés. Chez le mâle, il n'existe jamais qu'un seul testicule. Cet organe est sous la forme d'un tube très-grêle, plus ou moins replié dans la cavité du corps. En général, il est un peu dilaté dans sa partie postérieure et terminale, à laquelle se trouve annexé un ou deux organes de copulation auxquels on a donné le nom de spicules. Ceux-ci sont rétractiles dans l'intérieur du corps dont ils peuvent sortir par une ouverture située tout près de l'anus. Leur forme peut varier, mais il arrive souvent qu'ils sont comme bordés dans toute leur longueur d'une aile membraneuse. Lorsqu'il existe deux spicules ils sont souvent semblables entre eux, mais parfois aussi l'un d'eux est plus grand que l'autre qui peut alors être considéré comme une pièce accessoire. Les spermatozoïdes des intestinaux qui nous occupent sont variables dans leurs formes. Chez les nématoïdes, les mâles, toujours plus petits et plus grêles que les femelles, peuvent encore se reconnaître extérieurement, au moins dans quelques espèces, par les bourses caudales dont ils sont pourvus. Ces bourses, formées par des appendices membraneux, souvent soutenues par des côtes, sont placées tout à fait à l'extrémité postérieure du corps, et servent au mâle, à se maintenir fixé sur la femelle pendant l'acte de la copulation.

On trouve chez les femelles un ou deux ovaires. Ces organes, de même que le testicule, sont sous forme de tubes très-grêles qui se replient et se contournent parfois d'une manière presque inextricable dans la cavité du corps. Le plus souvent, chacun d'eux se termine par une dilatation variable dans sa forme, que l'on désigne improprement peut-être sous le nom d'utérus et dans laquelle s'accumulent les œufs. Lorsqu'il y a deux ovaires et deux utérus, ceux-ci, après avoir produit quelquefois chacun un oviducte particulier, se réunissent ordinairement en un oviducte commun qui s'ouvre directement dans la vulve, ou plus rarement dans une sorte de vagin aboutissant lui-même à l'orifice extérieur des organes génitaux. L'oviducte qui fait suite à un seul ovaire ou à un seul utérus peut d'ailleurs affecter l'une ou l'autre des terminaisons que nous venons d'indiquer. Quant à la vulve, sa présence est rarement indiquée à l'extérieur par une sorte de bourrelet comme chez le *Strongylus Filaria* (Rud.), par exemple. Elle varie beaucoup dans la place qu'elle occupe. Elle est, en effet, située quelquefois au voisinage de la bouche, comme dans le genre filaria, d'autres fois vers la partie moyenne du corps, comme dans les ascarides, ou bien encore, mais cependant plus rarement, très-près de l'anus. Les œufs, toujours très-nombreux, sont de forme ovoïde ou sphéroïde. Si l'on peut en juger par les divers nématoïdes dont on a jusqu'à présent étudié le développement, ces œufs sont organisés de telle sorte que les phases de l'évolution de l'embryon se passent toutes dans leur intérieur. On n'observe donc, dans les vers de cet ordre, rien qui ressemble à la génération alternante. Dans la plupart de leurs œufs le vitellus se segmente suivant les lois ordinaires, d'abord en deux lobes, qui se partagent ensuite chacun en deux autres lobes, et ainsi successivement, jusqu'à ce que la masse vitelline, divisée en un grand nombre de petites sphères contiguës, ait pris l'aspect muriforme ou framboisé (1). A la

(1) La segmentation du vitellus se faisant de telle sorte que chaque lobe formé se partage en deux autres lobes, il est évident qu'on devrait voir successivement dans chaque œuf 2, 4, 8, 16, etc., lobes. Il n'est pas rare cependant de trouver des œufs d'ascarides, de sclérostomes, de dochmius, qui offrent un vitellus à 3, 5, 6 ou 7 lobes. Cela nous parait dépendre de ce que les divisions successives ne marchent pas avec la même rapidité dans tous les lobes formés. Dans cette hypothèse, un vi-

suite de cette phase de segmentation, les petites sphères formées s'effacent, le vitellus revêt la forme d'une masse confusément granuleuse, et le blastoderme apparaît. Celui-ci ne tarde pas à replier la masse du vitellus et à le transformer peu à peu en un embryon qui, d'abord confus, se dessine ensuite plus nettement, jusqu'à ce qu'enfin il s'agite dans l'intérieur de l'œuf. Chez les filaires, les spiroptères, le trichina spiralis et quelques espèces de strongles, ces phénomènes se passent dans les organes génitaux de la femelle; souvent même l'œuf éclôt avant d'être pondu, et l'espèce est en réalité ovovivipare. Chez les sclérostomiens, la segmentation seule s'accomplit dans les utérus des femelles; les œufs sont pondus à l'époque où le vitellus a revêtu l'aspect framboisé et le blastoderme et l'embryon ne se forment qu'en dehors des organes génitaux. Chez les ascarides, les trichocéphales, les oxyures, la segmentation du vitellus commence seulement après la ponte, et parfois même fort longtemps après que les œufs ont été expulsés des organes génitaux.

Parmi les embryons des nématoïdes ovovivipares, il en est, comme ceux du trichina spiralis, par exemple, qui doivent immédiatement après leur naissance pénétrer au sein des tissus de l'hôte dans les organes duquel ils sont nés, et s'y enkyster. Il serait difficile, dans l'état actuel de la science, de dire par quelles phases doivent passer les embryons de la plupart des autres espèces ovovivipares avant d'arriver à l'âge adulte.

Nous sommes un peu plus avancés en ce qui concerne les œufs des sclérostomiens. Des expériences nombreuses que nous avons faites sur les vers de cette tribu, nous ont démontré que leurs œufs pondus dans l'intestin des mammifères après la segmentation du vitellus, et rejetés avec les matières fécales, éclosent promptement, et que les jeunes vers paraissent destinés à vivre pendant un certain temps dans les excréments avant de revenir dans l'organisme où quelques-uns d'entre eux doivent s'enkyster.

Enfin, quant aux œufs des ascarides, des trichocéphales et des autres espèces que l'on peut considérer comme plus radicalement ovipares que les sclérostomiens, nous avons tout lieu de croire que la plupart d'entre eux, sinon même la totalité, ne doivent pas éclore chez l'animal qui a hébergé la femelle par laquelle ils ont été pondus. Peut-être même doivent-ils tous,

tellus à trois lobes peut être considéré comme constitué par deux lobes primitifs dont l'un est déjà fractionné en deux, tandis que l'autre ne l'est pas.

comme ceux des ascarides, ne revenir dans l'organisme qu'après que les phases de l'évolution de l'embryon se sont accomplies au dehors.

Comme nous l'avons dit plus haut, les jeunes nématoïdes, au moment où ils sortent de l'œuf, ont déjà la forme générale qui appartient aux animaux de leur ordre. Ils ne sont pas cependant toujours entièrement semblables aux vers adultes de leur espèce, et parfois ils doivent subir dans leurs formes et dans leur organisation des modifications plus ou moins profondes. Pour certaines espèces, ces métamorphoses, si tant est qu'on puisse leur donner ce nom, se bornent à l'apparition et au développement progressif de l'appareil génital ; mais, pour d'autres espèces, elles sont plus marquées, et la forme extérieure, elle-même, se modifie. C'est ce qui arrive aux sclérostomes, par exemple, qui, dans le jeune âge, sont pourvus d'une queue grêle, filiforme, plus ou moins allongée, et qui ont, au contraire, à l'âge adulte, une queue subobtuse ou simplement mucronée.

Les nématoïdes, de même que tous les autres vers qui habitent dans les organes des animaux supérieurs proviennent du dehors. Le plus ordinairement, c'est avec les aliments ou les boissons que leurs œufs sont portés dans l'organisme ; il en est probablement de même d'une grande partie des jeunes vers tout formés, qui appartiennent aux espèces ovovivipares, ou qui naissent par suite de l'éclosion au dehors des œufs expulsés avec les matières fécales, ou de toute autre manière. Cependant dans quelques cas, c'est par une autre voie que ces vers pénètrent dans l'économie. Déjà nous avons signalé les manœuvres qu'accomplissent les embryons du *mermis albicans* pour arriver jusque dans l'intérieur du corps des larves d'insectes. A cet exemple, nous pouvons ajouter celui de la filaire de Médine, qui est un des parasites de l'homme, et que la plupart des auteurs considèrent comme s'introduisant directement sous la peau où elle cause parfois des désordres très-graves. Il ne serait pas impossible que quelques-uns des nématoïdes de nos animaux domestiques ne fussent en état de se comporter de la même manière, et l'on comprend tout l'intérêt qu'il y aurait à élucider cette question pour jeter quelque jour sur l'étiologie de certaines affections vermineuses.

La plupart des nématoïdes, surtout ceux qui nous intéressent le plus, sont parasites de l'homme ou des animaux. Il existe cependant, dans cet ordre, quelques espèces qui sont libres, ou qui vivent sur les végétaux. A l'exemple de MM. P. Gervais et van Bénéden, nous partagerons donc les nématoïdes en deux groupes : 1° *ceux qui sont libres ou qui vivent sur les végétaux;* 2° *ceux qui sont parasites de l'homme ou des animaux.*

1° *Nématoïdes libres ou vivant sur les végétaux.* — Les nématoïdes de ce premier groupe sont encore peu connus. Ils sont en général de petite taille. « Leur tête porte souvent des soies et « quelquefois des yeux. Leurs œufs sont grands, peu nombreux « et à coque mince. Ces vers sont tantôt ovipares, tantôt ovovi- « vipares, et ils changent légèrement de forme dans le cours de « leur développement. » (P. Gervais et van Bénéden). Jusqu'à présent ils n'offrent pas pour le vétérinaire un grand intérêt. Nous ne pouvons nous dispenser cependant de citer en passant le *rhabditis aceti* (Duj.) que l'on rencontre par myriades dans le vinaigre de vin, et de dire quelques mots du genre *anguillulina.* C'est à un ver de ce dernier genre, l'*anguillulina tritici* (Dav.), *vibrio anguillula* (Muller), *vibrio tritici* (Baur.), qu'est due la maladie du froment que l'on connaît sous le nom de *nielle.* D'après M. Davaine, qui a publié sur ce sujet un excellent travail dont nous résumons ici les points principaux, dans un épi frappé de la nielle, tous les grains, ou seulement un certain nombre de grains, sont déformés. Ils sont alors petits, arrondis, de couleur noire à l'extérieur, et formés d'une coque épaisse et dure qui dans son intérieur contient une poudre blanche. Celle-ci n'offre aucune trace de fécule, mais elle est entièrement constituée par des anguillules raides, desséchées et sans mouvements qui, si on les plonge dans l'eau, reviennent à la vie après quelques heures ou après quelques jours. Chaque grain niellé renferme plusieurs milliers de ces vers qui, lorsqu'ils sont ranimés, ressemblent à des embryons de nématoïdes. Dans cet état ils n'ont point encore d'organes génitaux ; mais, avant eux, il y a eu dans l'épi d'autres vers plus gros et sexués, et ce sont ces derniers, dont on ne trouve plus que les débris, qui ont engendré les vers sans sexe. M. Davaine a suivi le développement de ces singuliers helminthes, et voici comment, d'après ses observations, les vers sexués arrivent dans l'épi : si deux grains, l'un sain, l'autre niellé, sont semés l'un à côté de l'autre, le premier germe, mais le second se pourrit et l'humidité rappelle à la vie les anguillules qu'il renferme. Les jeunes vers rampent alors dans la terre, et si sur leur trajet ils rencontrent la plante née du grain sain que l'on a semé en même temps que le grain altéré d'où ils sont sortis, ils pénètrent entre les tiges et les gaînes des feuilles. Là, à la faveur de l'humidité, ils montent peu à peu, de telle sorte que, lors de la formation de l'épi, ils se trouvent dans son voisinage. C'est à ce moment qu'ils s'introduisent dans le parenchyme de la plante à la place même où devait se dévelop- per l'ovaire, et qu'ils y déterminent la formation d'une sorte de galle arrondie, dans l'intérieur de laquelle ils acquièrent leur maturité sexuelle, s'accouplent et pondent. De leurs œufs sortent bientôt de petits nématoïdes qui constituent, lorsqu'ils sont des- séchés, la matière blanche que l'on trouve plus tard dans les galles développées à la place du grain. Les anguillules, à l'état de larves non sexuées, sont douées d'une vitalité extraordinaire. M. Davaine les a vues revenir à la vie après plusieurs années de dessiccation. Elles résistent à l'action des poisons les plus actifs lorsque ceux-ci n'agissent pas chimiquement sur leurs tissus. La nicotine et les matières organiques en putréfaction les engour- dissent sans les tuer. Elles peuvent supporter pendant plusieurs heures et sans mourir un froid de — 20° ; mais elles succombent à une température de + 70°. Le deutochlorure de mercure, le sul- fate de cuivre, les acides et les alcalis plus ou moins étendus d'eau, l'arsénic, l'arseniate de soude, l'alcool, par leur action chimique, détruisent promptement la vie de ces petits êtres qui, dans les années où ils se multiplient beaucoup, peuvent causer à l'agriculture un préjudice considérable.

Une autre espèce du même genre, l'*anguillulina dipsaci* (Kühn), produit sur le *dipsacus fullonum* (Mill.) une maladie qui n'est pas sans analogie avec la nielle des blés.

2° *Nématoïdes parasites de l'homme ou des animaux.* — Les nématoïdes de ce deuxième groupe « n'ont jamais d'autres soies « que celles de l'organe mâle, ils manquent d'yeux ; leurs œufs « sont nombreux et souvent entourés d'une coque solide. En « général, leurs embryons s'enkystent pendant le jeune âge, et « ils ne continuent leur développement que lorsqu'ils ont passé « d'un premier hôte dans un second. » (P. Gervais et van Bénéden.) M. Blanchard les a partagés en cinq tribus qui sont : les *ascari- diens*, les *oxyuriens*, les *sclérostomiens*, les *strongyliens*, et les *trichosomiens*. Nous adopterons cette division qui facilite l'étude, et nous décrirons successivement les genres et les espèces qui nous intéressent dans chacune de ces tribus.

A. **TRIBU DES ASCARIDIENS**. — Corps cylindroïde plus ou moins al- longé, point de bulbe pharyngien. Œsophage long, point de ventricule (?). Intestin droit. Ovaires doubles assez grêles.

GENRE ASCARIDE. ASCARIS (Lin.). — Corps assez épais, cylindroïde, aminci aux deux extrémités. Tête munie de trois valves disposées en trèfle.

Bouche exactement médiane et terminale située entre les trois valves. Œsophage médiocrement long, renflé d'avant en arrière et ensuite un peu aminci à sa jonction avec l'intestin, ou bien présentant à sa terminaison une dilatation peu marquée, précédée d'un léger étranglement, et décrite par certains auteurs comme un ventricule. Canal intérieur de l'œsophage de forme triquêtre. Testicule en forme de tube allongé et plus ou moins sinueux ou replié. Deux spicules. Ovaires au nombre de deux, repliés et enroulés autour de l'intestin. Deux utérus se réunissant en un oviducte commun qui s'ouvre en général vers le tiers antérieur du corps. Œufs globuleux, ou presque globuleux.

Les ascarides se rencontrent dans le tube digestif de presque tous les animaux vertébrés. Nos mammifères domestiques paraissent être tous plus ou moins exposés à héberger des vers de ce genre : mais en général ils n'en souffrent pas, si ce n'est quand ces parasites se multiplient outre mesure.

Les œufs des ascarides sont pourvus d'une coque assez épaisse en dedans de laquelle se trouve une seconde membrane ordinairement plus ou moins plissée. C'est au centre de l'espace que circonscrit cette membrane qu'est placé le vitellus qui est de forme globuleuse ou à peu près globuleuse, et qui ne commence jamais à se segmenter avant la ponte. Lorsque l'on retire les œufs bien formés de l'oviducte ou des utérus des femelles, leurs enveloppes sont entièrement transparentes : lorsqu'on les recueille au contraire dans les matières fécales, leur coque s'est imprégnée de ces matières, et a revêtu une couleur d'un brun fauve qui la rend assez opaque pour qu'il ne soit pas toujours facile de voir nettement le vitellus. Mais nous avons constaté plusieurs fois que les uns et les autres de ces œufs se comportent de la même manière, lorsqu'on les soumet à l'observation dans des conditions convenables. On peut donc sans inconvénient se servir des œufs à enveloppes transparentes tirés des utérus pour étudier le développement de l'embryon.

Les œufs des ascarides n'éclosent jamais dans l'intestin de l'animal chez lequel ils ont été pondus. Ils sont expulsés avec les matières fécales. Quelquefois leur vitellus se segmente presque immédiatement; d'autres fois au contraire, il demeure fort longtemps sans donner aucun signe de vitalité, puis tout à coup, on le voit passer par les différentes phases qui caractérisent l'évolution de l'embryon. L'un des moyens par lesquels on réussit le mieux à étudier les phénomènes qui se passent alors dans les œufs, consiste à les placer en petite quantité et avec un peu d'eau dans un verre de montre que l'on met ensuite sur un support sous une cloche qui repose elle-même dans un plat rempli d'eau.

En observant les œufs chaque jour à l'aide du microscope, on voit alors le vitellus se segmenter à la manière ordinaire, et l'embryon se former dans un temps qui varie entre huit et trente ou quarante jours. On obtient aussi le même résultat en plaçant les œufs sur une lame de verre que l'on se contente de maintenir dans une atmosphère saturée de vapeur d'eau à la température ordinaire, ou en les mettant dans du sable ou dans de la terre humide, ou dans du crottin de cheval lorsque l'on opère sur les œufs de l'*ascaris megalocephala* (Cloq.) par exemple. M. Davaine a même réussi, à diverses reprises, à faire développer les embryons dans des œufs de l'*ascaris marginata* (Rud.) du chien, en les laissant complétement à sec à l'air libre. Quel que soit d'ailleurs le procédé que l'on suive, on constate que c'est toujours pendant les chaleurs de l'été que le travail s'accomplit avec le plus de rapidité. Lorsqu'au contraire la température est basse à +15° ou au-dessous par exemple, il se fait avec plus de lenteur, et peut même ne pas s'accomplir, ou se suspendre lorsqu'il est commencé. Il ne se fait pas non plus, ou se suspend également quand les œufs sont mis dans de l'eau qui s'altère et qui prend une odeur fétide par suite de la trop grande quantité de matière organique en état de décomposition qu'elle renferme. Souvent, pour peu que les mauvaises conditions dans lesquelles sont les œufs se prolongent trop longtemps, ils deviennent impropres à produire des embryons. Il est rare cependant qu'ils perdent *tous* leur vitalité sous l'influence du froid ou d'un séjour prolongé dans une eau fétide. Le plus ordinairement il suffit de les exposer à une température plus douce, ou de les tirer du milieu infect dans lequel ils se trouvent, pour voir aussitôt les phases de l'évolution du germe commencer ou se poursuivre dans un certain nombre d'entre eux. Il nous est arrivé bien des fois en effet de provoquer la formation d'embryons dans des œufs que nous avions conservés pendant quatre, cinq ou six mois dans de l'eau au sein de laquelle ils avaient été en quelque sorte en macération avec les débris des organes génitaux des vers d'où nous les avions tirés.

Ainsi, pour les ascarides de nos animaux domestiques, le temps que l'embryon met à se former dans l'œuf ne dépasse pas ordinairement trente ou quarante jours, et si parfois il est plus long, cela semble dépendre de ce que le travail de l'évolution du germe se suspend sous l'influence du froid ou d'une autre cause, pour reprendre son cours et se continuer dès que les conditions deviennent plus favorables. Nous venons de voir d'ailleurs que les circonstances dans lesquelles ce développement peut avoir lieu sont assez variées.

Les jeunes embryons d'ascarides, lorsqu'ils sont complétement formés, sont cylindroïdes, leur tête est subobtuse et leur queue est plus ou moins aiguë sans être jamais effilée. Ils ne portent point encore autour de la bouche les trois valves qu'ils auront plus tard. On les voit souvent s'agiter dans leurs enveloppes, mais ils n'en sortent pas le plus ordinairement tant que les œufs restent dans le monde extérieur, car ils ne paraissent pas destinés à vivre hors du corps des animaux. Aussi les voit-on demeurer vivants dans les œufs pendant un temps en quelque sorte indéfini. M. Davaine a conservé dans de l'eau ordinaire, pendant cinq ans, des œufs de l'*ascaris lumbricoïdes* (L.) de l'homme, dans lesquels existaient des embryons pleins de vie. Nous avons nous-même gardé pendant près de deux ans, dans l'eau, dans le crottin, dans la terre humide, ou simplement sur des lames de verre, des œufs des *ascaris megalocephala* (Cloq.), *A. suilla* (Duj.), *A. marginata* (Rud.) et *A. mystax* (Zed.), dans lesquels les embryons bien formés ont continué à s'agiter jusqu'au dernier jour. Il est assez probable que dans les circonstances ordinaires, les œufs des ascarides ne peuvent éclore utilement, que lorsqu'ils sont portés dans les organes des autres animaux. On peut au moins le présumer, d'après une expérience de M. Davaine qui, n'ayant pu faire ses essais sur l'homme, a réussi à faire éclore dans l'intestin du rat les œufs de l'ascaride lombricoïde. Nous avons fait sur le chien et sur le porc quelques expériences qui nous autorisent à *présumer* que les jeunes ascarides sortent de l'œuf dans l'intestin de l'hôte chez lequel elles doivent arriver à l'âge adulte. Malheureusement les recherches que nous avions commencées sur ce sujet ont été interrompues à l'époque où nous avons dû quitter l'École de Toulouse, et depuis que nous sommes à Alfort nous n'avons pas eu occasion de les reprendre. Nous devons être d'autant plus réservé dans les conclusions à tirer de ces expériences incomplètes, qu'il y a dans l'histoire des ascarides une dernière particularité qu'il nous reste à signaler et que nous n'avons pas encore suffisamment étudiée. En suivant le développement des embryons dans les œufs de ces vers, il nous est arrivé plusieurs fois de trouver dans l'eau, et surtout dans le crottin, dans la terre humide ou sur les lames de verre où nous les avions déposés, des embryons libres et bien vivants. Ce fait s'est produit assez souvent pour les œufs de l'*ascaris mystax* (Zéd.) et de l'*A. megalocephala* (Cloq.), et plus rarement pour ceux de l'*A. marginata* (Rud.); nous ne l'avons jamais observé pour ceux de l'*A. suilla* (Duj.). Cette éclosion, si tant est que l'on puisse lui donner ce nom, n'a jamais lieu pour un grand nombre d'œufs à la fois dans une même préparation. On rencontre seulement çà et là quelques œufs qui s'ouvrent pour livrer passage aux embryons qu'ils renferment. On voit alors la coque qui semble ramollie ou altérée se déchirer irrégulièrement et laisser échapper la membrane plissée avec l'embryon qu'elle contient. Parfois l'embryon reste prisonnier dans cette membrane qui se déforme comme le ferait un sac à parois peu résistantes, d'autres fois la membrane plissée se déchire et l'embryon est mis en liberté. Les mouvements qu'il fait alors sont peu étendus, on dirait qu'il n'est pas dans son élément au milieu de l'eau dans laquelle on l'observe, souvent il meurt après quelques heures, et tout semble indiquer que son éclosion a été purement accidentelle. Cependant nous ne sommes pas encore autorisé à admettre cette conclusion d'une manière absolue, et de nouvelles études nous sont nécessaires pour apprendre ce que deviennent définitivement les embryons qui éclosent de cette manière.

Ascaride du cheval et des autres solipèdes. *Ascaris megalocephala* (Cloquet). Corps d'un blanc jaunâtre, uniforme. Tête assez large un peu détachée, à trois valves arrondies, convexes, étranglées dans leur milieu et comme bifides au bout. Point d'ailes membraneuses à la partie antérieure, mais deux sillons latéraux dans toute la longueur du corps. Stries du tégument écartées de $0^{mm},006$ à $0^{mm},010$. *Mâle* long de 15 à 20 centimètres, portant à la queue deux ailes membraneuses latérales, à la base desquelles se trouve une rangée de neuf à dix tubercules peu saillants. Testicule formé par un tube grêle qui peut avoir jusqu'à 1 mètre 45 centimètres, lorsqu'il est déployé, naissant vers le milieu du corps dans lequel il se replie plusieurs fois, et se terminant par un canal déférent d'un diamètre deux ou trois fois plus considérable que le sien. Deux spicules arqués, longs de $2^{mm},4$, cylindriques, tronqués à l'extrémité. Spermatozoïdes globuleux ayant un diamètre de $0^{mm},018$ à $0^{mm},020$. *Femelle* longue de 18 à 32 centimètres. Queue conoïde obtuse, mucronée. Anus à $1^{mm},5$ de l'extrémité de la queue. Vulve située vers le quart antérieur de la longueur du corps. Ovaires très-longs, naissant à une petite distance de la vulve, se repliant et se contournant plusieurs fois dans la partie moyenne du corps, chacun d'eux se terminant par un tube assez renflé (utérus) qui monte directement jusqu'à une petite distance de la vulve, où il se réunit à celui du côté opposé pour former un oviducte commun assez court. Œufs presque globuleux, ayant un diamètre de $0^{mm},91$ à $0^{mm},100$. Embryons longs de $0^{mm},23$ à $0^{mm},28$ au moment de leur éclosion.

Cette ascaride est très-commune dans l'intestin grêle du cheval, de l'âne et du mulet. En général, les vétérinaires la désignent sous le nom d'*ascaris lumbricoïdes* (Lin.). Cette dernière espèce se rencontre uniquement chez l'homme et particulièrement chez les enfants. Elle diffère de l'*ascaris megalocephala* (Cloq.) par ses valves céphaliques plus arrondies, proportionnellement plus larges et sans échancrure latérale, par sa tête plus petite, moins détachée du reste du corps, et par la teinte générale du corps qui tire un peu sur le rougeâtre. M. Cloquet est le premier qui ait distingué comme espèce l'ascaride du cheval de l'ascaride de l'homme. Gœze ne les confondait pas cependant entièrement, mais il ne regardait la première que comme une variété de la seconde.

Ascaride des bêtes bovines. *Ascaris bovis.* — L'ascaride du bœuf paraît être assez rare. Dujardin dit qu'on la considère comme identique avec l'ascaride lombricoïde de l'homme. Je n'en ai jamais eu à ma disposition, qu'une seule femelle qui avait été rendue par un veau. Voici quels sont les caractères que j'ai pu constater : corps blanchâtre un peu brunâtre dans sa partie postérieure, long de 25 centimètres, ayant dans sa plus grande largeur 5 millimètres. Tête petite, étranglée en arrière. Valves convexes un peu échancrées sur les côtés, laissant entre elles à la base un espace ovalaire. Queue obtuse. Anus presque terminal.

Ascaride du mouton. *Ascaris ovis* (Rud.). — Rudolphi inscrit comme douteuse sous ce nom, une ascaride indéterminée, trouvée une seule fois, d'après le catalogue du musée de Vienne, dans l'intestin d'un mouton.

Ascaride du porc. *Ascaris suilla* (Duj.). — Corps rougeâtre. Tête petite. Stries du tégument écartées de $0^{mm},013$ à $0^{mm},017$. Spicules du *mâle* aplatis et fusiformes. Spermatozoïdes irrégulièrement globuleux. Ovaires de la *femelle* très-longs, filiformes naissant à une petite distance en avant de la queue, se repliant et se contournant beaucoup dans la cavité du corps, donnant naissance chacun d'eux, au niveau de la queue, à une partie renflée, sorte d'utérus particulier, qui se réunissant un peu au-dessous de la vulve à celui de l'autre ovaire, forme avec lui un oviducte assez court. Œufs longs de $0^{mm},066$ à coque revêtus d'un épaississement réticulé ou alvéolé comme un dé à coudre.

L'ascaride du porc, longtemps confondue avec l'ascaride de l'homme, en a été distinguée par Dujardin. Elle se trouve assez souvent dans l'intestin grêle du cochon.

Ascaride du chien. *Ascaris marginata* (Rud.).— Corps blanchâtre ou un peu brunâtre. Tête large de 0^{mm}, 30 à $0^{mm},44$. Valves convexes pourvues d'une mince bordure denticulée, et portant chacune une papille saillante au milieu de leur convexité. Œsophage en massue, se terminant par un petit renflement presque globuleux que l'on peut considérer comme un ventricule. Partie antérieure du corps portant de chaque côté une aile membraneuse plus ou moins étroite. Stries du tégument, écartées de 0^{mm},012 à 0^{mm},025. *Mâle* long de 5 à 10 centimètres. Partie postérieure enroulée avec deux rangées ventrales de papilles soutenant des membranes très-peu saillantes. Testicule d'abord capillaire, très-grêle, se renflant insensiblement et se contournant sur lui-même à la manière d'un élastique de bretelle, pour se terminer par un canal déférent droit. Spermatozoïdes globuleux. Deux spicules courbés et élargis en lame de sabre, longs de 1^{mm},12. *Femelle* longue de 9 à 12 centimètres. Queue conoïde assez aiguë, droite. Anus à 1^{mm},10 de l'extrémité de la queue. Vulve située à 20 ou 26 millimètres en arrière de la tête. Ovaires repliés et pelotonnés dans presque toute l'étendue du corps, se continuant chacun par un utérus élargi assez long et donnant naissance à un oviducte commun également assez long. Œufs presque globuleux, ayant un diamètre de 0^{mm},075 à 0^{mm},079, revêtus d'une coque réticulée ou parsemée de trous réguliers.

L'*ascaris marginata* (Rud.) habite l'intestin grêle et l'estomac du chien où on le rencontre assez communément.

Ascaride du chat. *Ascaris mystax* (Rud.). — Corps blanchâtre. Tête large de 0^{mm},18 à 0^{mm},28, souvent courbée presque à angle droit sur la partie du corps qui vient après elle. Valves petites, oblongues, entières, portant chacune une papille saillante. Tête et partie antérieure du corps pourvues sur les côtés de deux ailes membraneuses étroites à leur origine, s'élargissant insensiblement presque jusqu'à leur terminaison, transparentes sur les bords et un peu plus opaques dans le reste de leur étendue. Stries du tégument écartées de 0^{mm},014 à 0^{mm},027. Œsophage presque cylindroïde se terminant par une petite dilatation presque cylindrique, à peine marquée, qui constitue un ventricule. *Mâle* long de 3 à 6 centimètres, large de 0^{mm},60 à 1^{mm},14, ayant souvent ses deux extrémités plus ou moins enroulées. Partie postérieure munie de deux ailes membraneuses peu saillantes soutenues par deux rangées de papilles ventrales. Queue brusquement rétrécie. Testicule naissant à une petite distance en arrière de la tête, d'abord deux fois replié sur lui-même, puis s'enroulant en tire-bouchon et se terminant enfin en un canal déférent d'un diamètre plus fort que le sien. Deux spicules recourbés en arc et longs de 1^{mm},20 à 1^{mm},30. Spermatozoïdes globuleux ayant un diamètre de 0^{mm},009 à 0^{mm},013. *Femelle* longue de 4 à 10 centimètres, large de 0^{mm},8 à 2^{mm}, souvent enroulée dans sa partie antérieure comme le mâle, mais toujours droite ou à peu près droite dans sa partie postérieure. Queue conoïde, subobtuse et terminée par un petit tubercule qui est comme surajouté. Anus presque terminal. Vulve située à 13 ou 15 millimètres de la tête. Ovaires naissant tous les deux dans la partie postérieure du corps, d'abord très-grêles, très-flexueux, très-repliés sur eux-mêmes, s'avançant jusqu'à une petite distance de la vulve, redescendant ensuite jusqu'à 25 ou 30 millimètres de la queue où chacun d'eux se termine dans un utérus qui remonte parallèlement à son congénère avec lequel il se confond bientôt, après avoir produit deux renflements inégaux, pour donner naissance à un oviducte commun qui, plusieurs fois dilaté et rétréci dans son trajet, vient enfin s'ouvrir dans la vulve. Œufs presque globuleux ayant un diamètre de $0^{mm},063$ à $0^{mm},076$, à coque revêtue d'un épaississement réticulé ou alvéolé comme un dé à coudre.

Ce ver se trouve assez communément dans l'intestin grêle du chat et quelquefois même dans l'estomac. Ses œufs diffèrent un peu de ceux des autres espèces qui vivent chez les mammifères domestiques. Ils sont à coque plus mince, à membrane plissée moins distincte. Leur vitellus est plus volumineux, et l'embryon formé est plus épais, de telle sorte qu'il semble à l'étroit dans l'espace qu'il occupe et que ses mouvements sont moins étendus que ceux des *ascaris marginata* (Rud.) et *A. megalocephala* (Cloq.).

Ascarides des oiseaux de basse-cour. — Nous ne ferons que les indiquer sans les décrire.

Ascaris inflexa (Zeder.). — Espèce douteuse du canard domestique.

Ascaris crassa (E. Deslonchamps). — Du canard domestique.

Ascaris inflexa (Rud.). — Intestin grêle de la poule.

Ascaris gibbosa (Rud). — Intestin de la poule.

Ascaris perspicillum (Rud.). — Intestin grêle du dindon.

Ascaris maculosa (Rud.). — Intestin du pigeon.

Nous indiquerons aussi, sans le caractériser, le genre HETERAKIS formé par Dujardin aux dépens du genre *ascaris*. Il renferme deux espèces parasites des oiseaux de basse cour qui sont :

Heterakis vesicularis (Duj.). — Cœcums des gallinacés (poules, poulets, dindons, paons, faisans, etc.).

Heterakis dispar (Duj.). — Cœcums des oies grasses où il paraît être rare.

GENRE FILAIRE. *Filaria* (Muller) (1). — Corps cylindrique ou filiforme toujours très-allongé. Tête continue avec le corps, nue ou pourvue de très-petites papilles. Œsophage tubuleux, musculeux, assez grêle, de médiocre longueur. Intestin grêle. Anus presque terminal. *Mâle* à un ou deux spicules, et dans ce dernier cas, l'un des spicules accessoire, court, tordu et obliquement strié. Orifice génital de la *femelle* situé un peu de côté, tout à fait à l'extrémité antérieure du corps et très-près de la bouche. Œufs allongés, éclosant ordinairement dans le corps de la mère.

Les filaires se rencontrent le plus souvent dans les séreuses

(1) La plupart des helminthologistes séparent les filaires et les spiroptères des ascarides, et les placent dans une tribu à part à laquelle ils donnent le nom de *filaridés*. Cette séparation est pleinement justifiée par la génération ordinairement ovovivipare des espèces dans les deux genres que nous venons de nommer. Nous ne l'avons pas adoptée, afin de ne pas multiplier les divisions. Cette observation s'applique d'ailleurs à quelques autres groupes que nous avons à dessein négligé d'indiquer.

splanchniques. On les trouve quelquefois aussi dans le tissu cellulaire, sous la peau ou entre les muscles, dans l'appareil lacrymal, sous les paupières et jusque dans les yeux. Mais, jusqu'à présent au moins, on n'a point signalé d'espèces de ce genre dans les voies digestives. ·

Filaire du cheval. *Filaria papillosa* (Rud.) *Filaria equina* (Blanchard). — Corps blanchâtre, long de 6 à 12 centimètres (18 centimètres d'après Dujardin), large de $0^{mm},7$ à $1^{mm},12$. Tête large de $0^{mm},24$, obtuse, comme tronquée, et pourvue de huit petites papilles disposées par paires. Bouche très-petite, terminale. Stries du tégument très-fines, écartées de $0^{mm},0017$. Œsophage d'abord très-grêle, se renflant ensuite brusquement de manière à constituer une sorte de ventricule cylindrique très-long qui aboutit à un intestin plus étroit que lui. Celui-ci droit, très-grêle. Anus à une petite distance de la pointe de la queue. — *Mâle* long de 65 à 70 millimètres, à queue fine contournée en trois ou quatre tours de spire modérément serrés, supportant deux ailes membraneuses entre lesquelles sort le spicule long de $0^{mm},19$ à $0^{mm},21$. — *Femelle* à queue terminée en pointe légèrement tronquée, contournée en une spirale beaucoup plus lâche que chez le mâle, et terminée par une papille à la base de laquelle s'en ajoutent deux autres rudimentaires. Ovaires, naissant tout à fait vers la pointe de la queue, chacun d'eux composé d'un tube d'abord très-fin, très-replié, se renflant insensiblement en un tube d'un diamètre double, qui après s'être rétréci de nouveau, entre dans un tube d'un fort diamètre que l'on voit remonter vers la partie antérieure du corps, pour se recourber, redescendre et remonter de nouveau et venir enfin se joindre à son congénère à 20 ou 22 millimètres de la bouche, et constituer avec lui un oviducte commun. Celui-ci assez renflé, s'amincissant insensiblement et venant se terminer par la vulve située très-près de la bouche. Œufs elliptiques longs de $0^{mm},45$ à $0^{mm},048$, contenant un embryon, long de $0^{mm},14$ à $0^{mm},17$ ($0^{mm},33$ d'après Dujardin), qui éclôt dans le corps de la mère.

Cette filaire existe assez souvent dans le péritoine du cheval, de l'âne et du mulet ; mais on ne trouve jamais qu'un très-petit nombre d'individus à la fois. Le mâle est beaucoup plus rare que la femelle. J'ai trouvé une fois seulement deux filaires femelles dans la cavité thoracique d'un cheval. M. Gourdon en a recueilli une dans une des trompes de fallope d'une jument. On dit aussi l'avoir rencontrée entre les enveloppes du cerveau. Quelques auteurs rapportent à cette espèce les vers observés très-rarement dans les humeurs de l'œil chez les solipèdes ; cela n'est pas probable. Voici, d'ailleurs, ce que dit M. Davaine de la filaire de l'œil du cheval : « Ver ressemblant à un bout « de fil de soie blanche, long de $0^{m},012$, plus ou moins, d'un « blanc grisâtre, demi-transparent, un peu plat, offrant cinq

« places lumineuses (au microscope) disposées en cercle près
« d'une des extrémités qui est arrondie, plus volumineuse que
« l'autre (probablement la tête) ; au-dessous, cercle lumineux ir-
« régulier, presque du diamètre du ver, d'où partent deux lignes
« d'une apparence semblable qui s'étendent dans toute la lon-
« gueur du corps ; extrémité caudale aplatie ; nageant par un
« mouvement analogue à celui de la sangsue.

  « Ce ver se trouve fréquemment dans l'œil du cheval aux
« Indes ; il est probable qu'il diffère de ceux qu'on a quelquefois
« observés en Europe et en Amérique, et qu'il ne doit pas être
« rapporté au *filaria papillosa*. » Pour d'autres naturalistes, c'est
au *filaria lacrymalis* (Gurlt) qu'il faut rattacher les vers de l'œil
du cheval, mais il s'agit ici exclusivement de ceux des paupières
et du canal lacrymal. Enfin les vétérinaires considèrent également comme étant le *filaria papillosa* (Rud.) la filaire que l'on
trouve parfois, mais très-rarement, dans le péritoine des bêtes
bovines. Je ne saurais dire si cette opinion est fondée, mais on
pourra voir, par la description que je donne ci-dessous de filaires,
recueillies à diverses reprises dans les séreuses de plusieurs animaux de l'espèce bovine, que, quelquefois au moins, ces vers
diffèrent de ceux que l'on rencontre chez le cheval.

Filaires des bêtes bovines. — J'ai eu occasion d'étudier deux
espèces différentes du genre filaire, recueillies chez des animaux
de l'espèce bovine. Je les décrirai successivement.

Filaire des séreuses des bêtes bovines. *Filaria cervina* (Duj.) — Corps
long de 5 à 10 centimètres, filiforme, très-légèrement atténué en avant, effilé
du côté de la queue. Bouche terminale à quatre papilles assez saillantes et
un peu aiguës. Œsophage d'abord assez grêle, grossissant insensiblement
jusqu'à prendre un diamètre double et se continuant par un intestin qui
est d'un diamètre à peu près égal au sien. Anus à une petite distance de la
queue. Tégument sans stries. — *Mâle* long de 5 à 6 centimètres, à queue
contournée en une spirale assez serrée, terminée par une grosse papille
conique à la base de laquelle il en existe deux autres plus petites, aiguës,
divergentes. Bord concave de la queue pourvu en outre d'une rangée de
très-petites papilles. Testicule naissant à 8 ou 9 millimètres en arrière de la
bouche, descendant en s'enroulant lâchement et de distance en distance
autour de l'intestin, arrivant ainsi jusqu'au point où la queue se contourne,
et se continuant par le canal déférent après s'être un peu pelotonné sur lui-
même. Canal déférent suivant la direction de la queue, et aboutissant à un
seul spicule court. — *Femelle* longue de 7 à 10 centimètres, à queue fine,
lâchement contournée en spirale courte, portant comme celle du mâle trois
papilles plus fortes et disposées de la même manière. Ovaires naissant dans
la partie grêle de la queue, chacun d'eux, par un tube très-fin qui pénètre

bientôt dans un tube d'un diamètre double ou triple, celui-ci se rétrécissant insensiblement pendant une partie de son trajet pour reprendre un plus fort diamètre, et venir se confondre avec l'autre ovaire en un oviducte commun qui s'amincit peu à!peu, et vient s'ouvrir dans la vulve située très-près de la bouche. Ovaires deux fois repliés sur eux-mêmes dans la longueur du corps. Œufs ovoïdes, contenant un embyron roulé en plusieurs tours, éclosant dans l'intérieur des organes génitaux de la mère. Embryons libres longs de $0^{mm},14$ à $0^{mm},23$, suivant les femelles desquelles on les tire.

En avril 1857, j'ai trouvé trois de ces filaires dans le péritoine d'une vache. Au mois d'octobre dernier, cinq autres ont été recueillies à l'École de Toulouse dans le péricarde d'une vache. Enfin M. Goubaux a bien voulu me donner, à mon arrivée à l'École d'Alfort, quelques autres filaires qu'il avait recueillies dans le péritoine de plusieurs taureaux ou vaches sacrifiés pour les études anatomiques. Tous ces vers m'ont paru différer du *filaria papillosa* (Rud.) par les quatre papilles qui existent autour de la bouche, par les papilles énormes que porte la queue chez le mâle aussi bien que chez la femelle, par l'œsophage renflé insensiblement d'avant en arrière, par le tégument sans stries, et enfin par les ovaires des femelles, moins repliés dans la cavité du corps. Ils m'ont paru, au contraire, offrir tous les caractères que Dujardin attribue à son *filaria cervina*, espèce créée par lui sur un échantillon que possède le Muséum de Paris et qui a été envoyé de Vienne comme ayant été recueilli dans l'abdomen d'un cerf (*cervus elaphus*). Il serait bon de constater, par de nouvelles recherches, si, contrairement à l'opinion généralement adoptée, la filaire des séreuses des bêtes bovines est toujours différente de celle qui vit chez les solipèdes.

Filaire lacrymale. *Filaria lacrymalis* (Gurlt). *Filaria palpebrarum* (Baillet, *Journal des vétérinaires du Midi*, 1858, p. 386). — Corps blanchâtre, cylindroïde et seulement un peu effilé à chacune de ses extrémités. Bouche terminale, circulaire et dépourvue de papilles. Œsophage assez long, se renflant insensiblement de son origine à sa terminaison. Intestin un peu plus large que l'œsophage. Anus presque terminal. Stries du tégument écartées de $0^{mm},014$ à $0^{mm},024$. *Mâle* long de 13 à 14 millim. Queue recourbée en arc et portant un peu avant sa terminaison un spicule long de $0^{mm},75$. *Femelle* longue de 21 à 24 millim., large de $0^{mm},45$ à $0^{mm},60$. Queue conoïde, droite, se terminant en une sorte de pointe peu aiguë. Ovaires naissant tout à fait dans la partie postérieure du corps, d'abord grêles et se repliant plusieurs fois sur eux-mêmes, puis se renflant en un tube fusiforme qui aboutit lui-même dans un tube d'un plus fort diamètre; celui-ci s'amincissant à son tour et se réunissant à celui du côté opposé pour constituer un oviducte commun qui vient s'ouvrir dans une sorte de vagin dont le fond est un peu renflé, et dont la partie antérieure effilée en un conduit assez grêle se termine par la vulve située à $0^{mm},90$ ou $0^{mm},98$ en arrière de la bouche. Œufs elliptiques contenant un embryon enroulé à la manière d'un serpent qui se mord la queue, éclosant dans le corps de la mère. Embryons libres longs de $0^{mm},21$ à $0^{mm},23$.

J'ai eu occasion d'étudier une fois, en février 1855, six femelles, et une autre fois, en juillet 1858, huit femelles et un mâle de cette espèce trouvés par M. Lafosse et par M. Serres sous les paupières de deux vaches. D'après M. Serres ces vers ne sont pas très-rares et déterminent une ophthalmie externe qui a quelques caractères particuliers. On les a signalés aussi comme existant dans le conduit lacrymal; mais je ne sais s'il faut rapporter à cette espèce les nématoïdes qui ont été indiqués assez vaguement à différentes reprises par les vétérinaires et les naturalistes comme vivant parfois dans l'intérieur du globe de l'œil chez les bêtes bovines.

MM. P. Gervais et van Bénéden rattachent au *filaria lacrymalis* (Gurlt) les vers que l'on rencontre quelquefois dans le conduit lacrymal et entre les paupières du cheval. M. Goubaux a eu l'obligeance de me donner ceux qu'il a recueillis en juin 1863 dans l'appareil lacrymal d'un cheval, et au sujet desquels il a fait une communication à la Société impériale et centrale de médecine vétérinaire (*Recueil de médecine vétérinaire*, 1863, p. 884). Ces vers, conservés depuis trois ans dans une solution d'acide phénique, ont pu être étudiés, et je les ai trouvés différents de ceux que j'avais eu occasion d'observer à Toulouse et qui provenaient de bêtes bovines. Voici quels ont été leurs principaux caractères.

Filaire de l'appareil lacrymal chez le cheval. *Filaria* . . . . ? — Vers longs de 8 à 15 millimètres, à corps blanchâtre un peu atténué à chacune des extrémités. Bouche terminale très petite, nue. Œsophage court, un peu renflé en arrière. Intestin droit, grêle dans presque toute son étendue, un peu renflé auprès de l'anus qui est situé à une petite distance de la pointe de la queue. Tégument sans stries. — *Mâle* long de 8 millimètres, à queue contournée en crosse. Testicule naissant à 1 millimètre et demi, ou 2 millimètres au-dessous de la bouche, formé par un tube grêle qui remonte vers l'œsophage, se recourbe, se renfle et redescend parallèlement à l'intestin jusqu'auprès de l'anus. Deux spicules inégaux, longs, le premier de $0^{mm},12$ et le second de $0^{mm},17$. *Femelle* longue de 14 à 15 millimètres, à queue droite. Ovaires naissant près de la pointe de la queue, d'abord très-grêles et très-repliés dans la partie postérieure du corps, et se réunissant enfin en un oviducte commun qui s'amincissant peu à peu, vient s'ouvrir par la vulve située à $0^{mm},60$ ou $0^{mm},70$ de la bouche. Embryons libres, longs de $0^{mm},12$ à $0^{mm},17$.

Par leur longueur moindre, par leur tégument sans stries, par les tubes de leurs organes génitaux plus repliés, par leur double spicule, par leurs embryons plus petits, ces filaires tirées de l'appareil lacrymal du cheval sont bien évidemment distinctes de celles des bêtes bovines. Cependant avant de les admettre comme espèce nouvelle, nous aurions besoin de les étudier encore sur des échantillons recueillis depuis peu de temps.

Filaire à trois épines. *Filaria trispinulosa* (Gesch). — « Corps court et « insensiblement aminci en avant. Bouche arrondie et portant trois épines « noueuses. *Femelle* longue de 7 millim. Ce ver n'a encore été vu que par « M. Gescheidt, qui l'a trouvé sous la membrane hyaloïde du corps vitré « chez le chien. » (P. Gervais et van Bénéden.)

Filaire hématique. *Filaria immitis* (Leidy). — « Corps cylindrique, ar-« rondi, obtus aux deux extrémités ; bouche petite, ronde, inerme. Longueur « du *mâle*, 12 centimètres ; épaisseur $0^{mm},50$; extrémité caudale en spi-« rale avec un rang de cinq papilles et une aile étroite de chaque côté ; « pénis saillant à une petite distance de l'anus. Longueur de la *femelle*, « 25 centimètres ; épaisseur, 1 millimètre. » (Davaine.)

Ce ver a été trouvé en Amérique par Jones, et en France par MM. Delafond et Gruby, dans le cœur et les vaisseaux du chien domestique. MM. Delafond et Gruby considèrent comme étant des larves du *filaria immitis* (Leidy) les hématozoaires qu'ils ont trouvés dans le sang du chien et dont voici la description : vers microscopiques longs de $0^m,025$, larges de $0^m,003$ à $0^m,005$. — Corps transparent, incolore ; extrémité antérieure obtuse avec un petit sillon qui pourrait être considéré comme une fissure buc-cale ; extrémité postérieure se terminant par un filament très-mince. — Les vers que nous venons de décrire ne sont pas très-rares chez le chien. Ils peuvent, d'après les deux auteurs que nous avons cités, exister en quantité considérable (depuis 11,000 jusqu'à 224,000 dans toute la masse du sang) sans déterminer de symptômes particuliers. D'autres fois, au contraire, ils font naître des attaques épileptiformes, et l'on a même vu deux chiens succomber pendant ces attaques. M. de Siebold pense que les hématozoaires ne sont autre chose que des helminthes en voie de migration.

Filaire du canard. — Rudolphi mentionne sous le nom de *Filaria anatis* (Rud.), un helminthe filiforme trouvé par Paulinus diversement enroulé autour du cœur d'un canard.

GENRE SPIROPTÈRE. *Spiroptera* (Rud.). — Corps cylindrique de médiocre longueur, un peu atténué aux deux extrémités ou seulement en avant. Tête nue ou munie de quelques papilles. Bouche ronde, quelquefois suivie d'une cavité pharyngienne. Œsophage long, cylindrique. Intestin légèrement sinueux. Anus en avant de l'extrémité caudale. *Mâle* à queue ordinairement enroulée en spirale, munie d'expansions membraneuses striées en long. Deux spicules inégaux. *Femelle* à queue conique, droite ou à peu près droite. Deux ovaires. Orifice génital situé tantôt au-dessus, tantôt au-dessous de la terminaison de l'œsophage, mais toujours plus ou moins éloigné de la bouche.

Le plus grand nombre des spiroptères habitent entre les membranes de l'estomac des vertébrés, ou dans des tumeurs situées entre ces mêmes membranes. On les trouve plus rarement libres dans les voies digestives et notamment dans l'estomac. M. Blanchard a distrait de ce genre quelques espèces pour en former le genre *spirura*. Nous ne le suivrons pas dans cette division, afin de ne pas trop multiplier les coupes génériques.

Spiroptère du cheval. *Spiroptera megastoma* (Rud.) *Spirura megastoma* (Blanch.). — Corps blanchâtre, filiforme, allongé. Tête large de 0^{mm},13 formant un bourrelet saillant, d'un diamètre évidemment moindre que celui de la partie du corps qui vient immédiatement après elle, dont elle est séparée par un étranglement bien marqué, munie en outre de quatre lobes élargis, opposés par paires. Bouche grande, large de 0^{mm},046 à 0^{mm},050. Pharynx en entonnoir. Œsophage se renflant insensiblement en massue de son origine à sa terminaison. Intestin peu sinueux. Stries du tégument écartées de 0^{mm},004 à 0^{mm},005. *Mâle* long de 6 millimètres 1/2 à 7 millim. 1/2 à partie postérieure fortement enroulée en spirale. Queue obtuse munie de deux ailes membraneuses striées en long et soutenues par trois ou quatre côtes chacune. Testicule occupant la partie moyenne du corps. Deux spicules inégaux, le plus grand recourbé en avant, long de 0^{mm},40, l'autre long de 0^{mm},24 et plus large que le premier. *Femelle* longue de 11 à 12 millimètres, à queue droite, allongée, en pointe mousse. Deux ovaires occupant l'un la partie antérieure, l'autre la partie postérieure du corps, et se confondant en un oviducte commun qui vient s'ouvrir en avant de la partie moyenne du corps dans la vulve, située à une distance de 3^{mm},5 à 4^{mm},2 de la tête. Œufs presque linéaires, tronqués aux extrémités, longs de 0^{mm},33 à 0^{mm},35, larges de 0^{mm},0085 et devenant un embryon d'abord replié en deux, puis étendu et s'agitant dans les organes génitaux de la mère, ayant alors une longueur de 0^{mm},66 à 0^{mm},70.

Ces vers existent souvent dans de petites tumeurs de la grosseur d'une noix environ, que l'on trouve entre la membrane muqueuse et la tunique charnue de l'estomac chez le cheval. M. Valenciennes a donné de ces tumeurs et des entozoaires qu'elles renferment une excellente description. Elles sont de grosseur inégale et faciles à énucléer, car elles sont comme enkystées dans une enveloppe fibreuse. Elles sont divisées à l'intérieur par des replis nombreux en plusieurs cavités qui communiquent toutes ensemble et sont souvent remplies d'un mucus qui parfois se concrète et leur donne alors une dureté presque squirrheuse. C'est au milieu de ces tumeurs que l'on trouve les spiroptères. Du reste, l'intérieur des tumeurs communique avec la cavité de l'estomac par de petites ouvertures qui traversent la muqueuse au nombre de une à cinq pour chacune d'elles.

On trouve assez fréquemment, dans l'estomac du cheval et du mulet, des vers libres en très-grand nombre qui appartiennent bien évidemment au genre *spiroptera*, et qui très-probablement ne sont qu'une variété de plus grande taille de l'espèce que nous venons de décrire. En voici, d'ailleurs, les principaux caractères :

Vers blancs, filiformes, effilés à chacune de leurs extrémités. Tête large de $0^{mm},08$ à $0^{mm},13$, ne présentant point en arrière d'étranglement bien marqué. Bouche circulaire munie de papilles. Cavité pharyngienne cylindrique ou un peu en entonnoir, longue de $0^{mm},08$ à $0^{mm},10$. Œsophage long de $3^{mm},7$, d'abord grêle dans une certaine partie de son étendue, puis se renflant ensuite insensiblement et légèrement jusqu'à sa terminaison. Intestin un peu sinueux, plus large que l'œsophage. Anus toujours situé en avant de la pointe de la queue (à $0^{mm},40$ ou $0^{mm},49$ chez la femelle). *Mâle* long de 14 à 18 millim., à partie postérieure fortement enroulée en spirale. Queue obtuse, bordée de chaque côté d'une aile membraneuse très-finement striée en long de lignes onduleuses. Testicule naissant un peu au-dessous du tiers antérieur du corps, sinueux, un peu replié sur lui-même, s'élargissant insensiblement jusqu'au point où la queue commence à s'enrouler, offrant dans ce point un étranglement, puis se continuant par un canal déférent d'abord assez large qui s'amincit ensuite et se termine entre les deux spicules. Ceux-ci inégaux, le plus grand arqué, long de $0^{mm},74$ à $0^{mm},75$, le plus petit, long de $0^{mm},30$ à $0^{mm},33$. *Femelle* longue de 24 à 26 millimètres, à queue légèrement incurvée et terminée en pointe obtuse. Deux ovaires occupant, l'un la partie antérieure, l'autre la partie postérieure du corps, tous deux d'abord très-grêles, puis se renflant après s'être repliés l'un en avant, l'autre en arrière, et se réunissant en un oviducte commun après avoir présenté tous deux quelques renflements et quelques étranglements successifs. Oviducte commun assez long, grêle, traversant avant sa terminaison une cavité ovoïde de laquelle il sort pour venir s'ouvrir dans la vulve située vers le tiers antérieur du corps. Œufs allongés, avant d'être éclos, tronqués à chaque extrémité, longs de $0^{mm},045$ à $0^{mm},049$, larges de $0^{mm},016$; se transformant en embryons sans enveloppes visibles, longs de $0^{mm},090$ à $0^{mm},098$, vivants et s'agitant dans l'intérieur des ovaires et de l'oviducte, à extrémité antérieure un peu renflée et à extrémité postérieure effilée.

J'ai trouvé assez souvent et en très-grand nombre les nématoïdes que je viens de décrire dans l'estomac des solipèdes. On les distingue très-bien lorsque l'estomac renferme des matières liquides ou à peu près liquides, et qu'on l'examine immédiatement après que l'animal vient d'être sacrifié. Ils s'agitent alors avec une activité surprenante et impriment au contenu de l'estomac un mouvement ondulatoire très-prononcé, qui attire inévitablement l'attention. Si au contraire on fait l'autopsie lorsque le cadavre est refroidi, et si surtout l'estomac renferme des matières fibreuses, ces vers, quelque nombreux qu'ils soient, peuvent facilement échapper aux investigations de celui qui ne les recherche point avec soin. Ces petits nématoïdes ne sont sans doute qu'une variété du *spiroptera megastoma* (Rud.,) car s'ils en diffèrent très-sensiblement par leur taille, ils s'en rapprochent beaucoup au contraire par la plupart de leurs autres caractères.

Spiroptère du porc. *Spiroptera strongylina* (Rud.). — « Corps blanc, « bouche orbiculaire sans papilles. *Mâle* long de 11^{mm},3 à 13^{mm},5. Queue « formant un tour ou un tour et demi, nue à l'extrémité qui est très-obtuse « et présentant un peu en avant deux ailes rayées transversalement ou « rayonnées. Spicule ou pénis très-long. *Femelle* longue de 15^{mm},8 à « 20^{mm},3, mince, plus étroite en avant. Queue déprimée, presque droite, un « peu aiguë. » (Dujardin.)

Cet helminthe habite l'estomac du porc et du sanglier. Il paraît être très-rare et n'a encore été rencontré qu'en Allemagne.

Spiroptère du chien. *Spiroptera saguinolenta* (Rud.). — Corps cylindrique à peine atténué aux deux extrémités, d'un rouge de sang ou d'un jaune rougeâtre nuancé et varié de rouge carmin. Tête nue, plus étroite que le corps. Bouche large, circulaire, nue, suivie d'une petite capsule pharyngienne peu profonde. Œsophage long de 5 à 6 millim., à peu près cylindrique ou un peu plus étroit à son origine qu'à sa terminaison. Intestin droit, à peu près du même diamètre que l'œsophage. Anus situé exactement à l'extrémité caudale. Tégument à stries transverses, écartées de 0^{mm},0025 à 0^{mm},0046. *Mâle* long de 40 à 50 millim., à queue fortement enroulée en une spirale serrée, terminée en pointe obtuse, et supportant deux ailes vésiculeuses, striées en travers avec une double rangée de papilles rétractiles. Un seul testicule naissant assez loin en arrière de la terminaison de l'œsophage, et formé par un tube effilé à cul-de-sac postérieur qui prend rapidement un assez fort diamètre, remonte un peu en avant, puis se recourbe et descend directement vers la queue en éprouvant sur son trajet un léger rétrécissement qui indique le commencement du canal efférent. Deux spicules, le principal courbé en arc et long de 2^{mm} à 3^{mm},08, l'autre beaucoup plus court, long de 0^{mm},45 à 0^{mm},75 et terminé en bouton. *Femelle* longue de 54 à 80 millim., à extrémité postérieure recourbée en arrière et terminée en une pointe obtuse. Ovaires d'une longueur médiocre, d'abord pelotonnés en arrière, puis marchant directement en avant parallèlement l'un à l'autre et se réunissant en un oviducte grêle et assez long. Vulve située à 2 ou 3 millimètres de la bouche, à la hauteur des deux tiers postérieurs de l'œsophage. Œufs longs de 0^{mm},030, larges de 0,^{mm}009.

Le spiroptère du chien habite le plus ordinairement dans des tumeurs qui sont situées le long de l'œsophage, ou plus rarement au-dessous de la muqueuse de l'estomac. Quelques individus ont été aussi trouvés dans la muqueuse de cet organe. J'en ai rencontré une fois deux individus chez un chien mort de la rage, et une autre fois trente-deux dans deux tumeurs de la grosseur d'un œuf de pigeon situées sur le trajet de l'œsophage d'un autre carnassier de la même espèce, également mort de la rage. Les tumeurs étaient dures, résistantes, placées entre la muqueuse et la membrane charnue de l'œsophage. Elles étaient fibreuses et creusées à l'intérieur de cavités anfractueuses qui communiquaient toutes les unes avec les autres. Chacune de ces tumeurs communiquait avec l'œsophage par une seule ouverture. Morgagni, Dujardin, M. Rayer, M. Davaine ont aussi recueilli le *spiroptera sanguinolenta* (Rud.) soit dans des tumeurs de l'œsophage, soit sous la muqueuse de l'estomac. Heyse, Rudolphi, Otto, l'ont trouvé chez le loup. Quoi qu'il en soit, cet helminthe paraît être assez rare. Il n'est peut-être pas inutile de faire observer, qu'à l'île de Malte, Warren, d'après Rudolphi, a aussi rencontré dans l'œsophage de chiens *morts de la rage* des nématoïdes qui paraissent être des spiroptères ensanglantés.

Le genre spiroptera renferme trois espèces parasites des oiseaux de basse-cour ; ce sont :

Le *spiroptera hamulata* (Natterer) trouvé au Brésil dans une excroissance superficielle du gésier d'un coq.

Le *spiroptera tricolor* (P. Gerv. et van Ben.). *Hystrichis tricolor* (Duj.) observé par M. Bellingham et Dujardin dans les tubercules qui se développent dans l'épaisseur des parois de l'œsophage et du ventricule succenturié chez les canards.

Enfin le *spiroptera uncinata* (Rud.) qui a été trouvé une fois en grand nombre à Berlin dans des tubercules de l'œsophage d'une oie.

B. TRIBU DES OXYURIENS. — Corps fusiforme, acuminé postérieurement. Bouche sans lobes. Point de bulbe pharyngien. Œsophage assez long. Un ventricule ou estomac distinct. Intestin droit un peu élargi à son origine. Ovaires doubles très-volumineux.

GENRE OXYURE. *Oxyuris* (Rud.). — Corps cylindrique ou fusiforme, brusquement aminci en arrière. Bouche arrondie ou triangulaire. Anus situé assez loin de l'extrémité postérieure. Tégument toujours pourvu de stries transverses très-écartées. *Mâle* beaucoup plus petit et plus rare que la femelle, plus ou moins contourné en spirale. Spicule simple, presque droit, accompagné d'une pièce accessoire plus courte. *Femelle* à queue toujours parfaitement droite. Vulve située vers le quart antérieur de la longueur du corps. Œufs lisses et non symétriques.

Oxyure du cheval. *Oxyuris curvula* (Rud.) *Oxyuris equi* (Gœze). — Corps blanc, épais en avant, brusquement aminci en arrière en manière de queue. Extrémité caudale mucronée ou terminée par une petite pointe conique. Tégument à stries transverses écartées de $0^{mm},037$ à $0^{mm},049$. Bouche circulaire ou triangulaire, circonscrite par un rebord saillant. Pharynx séparé de la bouche par une arête transversale qui porte trois houpes de poils. Œsophage d'abord plus large que la bouche dans la moitié de sa longueur environ, puis se rétrécissant et se renflant ensuite en un ventricule assez large, l'ensemble de l'œsophage et du ventricule représentant assez bien la figure d'un pilon. Ventricule revêtu intérieurement par une membrane cornée d'un jaune brunâtre, finement striée en travers suivant une courbe élégamment ondulée. Intestin droit, inégalement renflé, beaucoup plus court que le corps. Anus situé en avant de l'amincissement postérieur du corps. Deux glandes salivaires globuleuses, situées de chaque côté, au point où se termine le renflement supérieur de l'œsophage et se continuant chacune par un canal très-grêle qui vient s'ouvrir dans la bouche. *Mâle* long de 9 millim. à $16^{mm},6$, pourvu d'un spicule sortant en avant de la partie postérieure qui est subulée, aiguë. *Femelle* longue de 40 à 45 millim. et même plus, à corps plus ou moins arqué, mesurant plus d'un millimètre et demi dans sa plus grande largeur. Ovaires naissant un peu au-dessous de la vulve, remontant ensemble jusqu'au-dessus de cet organe, décrivant dans ce point un double repli et redescendant parallèlement l'un à l'autre jusqu'un peu au-dessous de leur origine, et se réunissant en un long et large utérus pourvu successivement sur tout son trajet de renflements et d'étranglements, le dernier des renflements très-allongé venant s'ouvrir dans la vulve située à 7 ou 8 millimètres de la bouche. Œufs insymétriques ovoïdes, à deux enveloppes distinctes, un peu tronqués à l'une des extrémités où ils portent comme une sorte de bouton surajouté, longs de $0^{mm},088$ à $0^{mm},094$, larges de $0^{mm},041$ à $0^{mm},045$, flottant librement dans l'utérus depuis la vulve jusqu'à l'extrémité de la queue.

L'oxyure recourbé se rencontre assez souvent dans le cœcum et dans le côlon des solipèdes, mais le mâle est tellement rare que la plupart des helminthologistes, si ce n'est MM. Créplin et Gurlt qui l'avaient reçu de Mehlis, n'ont jamais pu l'étudier. Jusqu'à présent il a également échappé à mes recherches.

Rudolphi classait dans le genre oxyure, une espèce, l'*oxyuris Ambigua*, que Dujardin a fait passer dans un autre genre sous le nom de *Passalurus Ambiguus*. Cet helminthe habite assez communément le cœcum du lapin domestique et du lièvre.

C. TRIBU DES SCLÉROSTOMIENS. — Corps cylindrique, généralement assez court. Bouche grande, arrondie, suivie d'un bulbe pharyngien. Point de ventricule. Ovaires doubles.

GENRE SCLEROSTOME. *Sclerostoma* (de Blainville). — Corps médiocrement allongé, assez épais, roide, un peu atténué en avant chez le mâle et de part et d'autre chez la femelle. Tête globuleuse, tronquée. Bouche large, orbiculaire, dirigée en avant ou un peu en dessous, toujours garnie, au moins dans les espèces de nos mammifères domestiques, d'une ou plusieurs rangées de dents. Bulbe ou capsule pharyngienne cupuliforme ou cylindroïde, plus ou moins profonde, de nature cornée résistante. Œsophage renflé postérieurement. Intestin assez large. Anus situé un peu en avant de la pointe caudale. Deux glandes salivaires accompagnant l'appareil digestif. *Mâle* ayant l'extrémité caudale peu amincie, tronquée et terminée par une large expansion membraneuse, foliacée, que l'on nomme bourse caudale. Celle-ci a trois lobes, deux latéraux et un médian moins étendu, tous trois transparents et soutenus par des côtes ou lignes plus épaisses. Deux spicules égaux longs et grêles. *Femelle* ayant l'extrémité caudale amincie, conique, droite. Vulve située en arrière vers les deux tiers de la longueur du corps, ou même très près de l'extrémité postérieure. Œufs elliptiques, à vitellus se segmentant dans l'intérieur des utérus. Embryons cylindroïdes, terminés par une queue grêle filiforme, plus ou moins allongée, naissant ordinairement peu de temps après que les œufs sont expulsés du corps de 'hôte chez lequel existe le parasite, et vivant pendant un temps variable au milieu des excréments dans lesquels ils prennent de l'accroissement.

Longtemps confondus avec les strongles, les sclérostomes étaient cependant distingués par Rudolphi qui en formait une section à part. M. de Blainville le premier les a réunis dans un genre distinct que tous les helminthologistes ont adopté.

Sclérostome du cheval. *Sclerostoma equinum* (de Blainv.). *Strongylus armatus* (Rud.). — Corps d'un gris ou d'un brun nuancé de rougeâtre. Tête globuleuse tronquée en avant, plus grosse que la partie du corps qui vient immédiatement après elle. Bulbe pharyngien en forme de cupule résistant et comme formé de substance cornée. Bouche orbiculaire, largement ouverte, bordée de un, deux ou même un plus grand nombre d'anneaux dont les plus intérieurs portent une ou deux rangées de dents triangulaires, longues, aiguës et comme marquées d'une nervure longitudinale dans leur milieu. Œsophage naissant du fond de la capsule pharyngienne, d'abord cylindrique, puis renflé en massue. Intestin d'un brun rougeâtre plus ou moins foncé, d'abord plus large que l'œsophage, puis se rétrécissant un peu, surtout dans sa partie postérieure. Anus terminal ou presque terminal. Deux glandes salivaires s'ouvrant au fond de la capsule pharyngienne, assez souvent atrophiées chez les vers de grande taille. Stries du tégument écartées de $0^{mm},0035$ à $0^{mm},0043$. *Mâle* long de 18 à 35 millimètres, ayant la partie postérieure du corps légèrement recourbée en arc, et la queue pourvue d'une aile membraneuse à trois lobes dont l'ensemble forme une bourse caudale campaniforme, rigide, ouverte d'un côté et servant au mâle à se fixer sur la femelle. Lobes de l'aile membraneuse transparents, soutenus par des côtes dont une médiane bifurquée, à branches elles-mêmes trifurquées, une autre en arc de cercle dont les extrémités arrivent jusque sur les lobes latéraux, et de chaque côté quatre latérales plus ou moins écartées. Un seul tube testiculaire, naissant vers le tiers postérieur du corps, remontant jusqu'à une certaine distance au-dessous de l'œsophage, redescendant ensuite vers la queue, offrant dans son trajet deux renflements antérieurs et deux renflements postérieurs dont le dernier constitue un canal déférent assez allongé. Deux spicules grêles, longs de $2^{mm},46$ et sortant au milieu de la bourse caudale. *Femelle* longue de 20 à 55 millim., à extrémité postérieure se terminant en pointe obtuse. Ovaires très-grêles, occupant la partie moyenne du corps, dans laquelle ils sont repliés et contournés d'une manière inextricable, se terminant chacun par un utérus allongé, duquel naît un oviducte particulier assez étroit qui, en se réunissant à celui du côté opposé, constitue un oviducte commun très-court, s'ouvrant dans la vulve située à une distance de 7 à 18 millimètres de l'extrémité caudale. Œufs ovoïdes un peu renflés vers le milieu, longs de $0^{mm},092$, larges de $0^{mm},054$.

Ce ver, que les vétérinaires désignent encore assez communément sous le nom de strongle armé, est celui que l'on rencontre le plus souvent chez les solipèdes. Il habite le cœcum et le gros côlon, et se tient fixé à la membrane muqueuse de ces organes à l'aide de son armure buccale. Les sclerostoma equinum ne sont pas tous de la même taille. On en trouve qui n'ont pas plus de 18 à 26 millimètres de longueur, et d'autres qui sont longs de 35 à 55 millimètres. Tous sont adultes, cependant, car ils s'accouplent, et l'on peut recueillir des œufs dont le vitellus a commencé à se segmenter dans les utérus des petites femelles, aussi bien que dans ceux des plus grandes. Il est vrai de dire pourtant qu'en général et, toute proportion gardée, les œufs complétement segmentés sont beaucoup plus nombreux chez les secondes que chez les premières, et éclosent plus facilement et en plus grand nombre quand on les conserve dans l'eau pendant quelques jours.

D'après M. Colin, les sclerostoma equinum sont des vers à migrations tout à fait intérieures ; leurs œufs s'altèrent lorsqu'ils ont été portés en dehors de l'organisme des solipèdes, et leur vitellus ne peut se développer et prendre la forme d'un embryon qu'autant qu'ils ont été déposés par les femelles dans l'épaisseur de la membrane muqueuse du cœcum et du côlon. Là ils subissent les modifications successives qui constituent les phases de la segmentation du vitellus, et bientôt il se forme dans leur inté-

rieur un embryon qui n'est pas mis en liberté, mais qui prend
de l'accroissement dans un kyste que l'on voit apparaître autour
de l'œuf. Le ver ainsi développé ne sort que plus tard de son
kyste, quand les premières dentelures de son armure buccale ont
commencé à faire saillie, et qu'il est en état de se fixer comme
ceux qui l'ont précédé à la membrane muqueuse du gros in-
estiu.

Sans nier que quelques sclérostomes puissent se développer
comme le dit M. Colin, nous ne pensons pas cependant que ce
soit leur mode ordinaire de reproduction et d'accroissement. En
effet, il n'est pas exact de dire que les œufs des sclerostoma
equinum s'altèrent inévitablement en dehors de l'intestin des solipèdes. Tout au contraire, nous avons toujours réussi à faire
éclore, dans l'espace de trois à six ou huit jours, le plus grand
nombre de ceux que nous avons recueillis dans les utérus des
femelles de grande taille, ou dans les crottins du cheval, en les
conservant dans l'eau, à la température ordinaire de $+ 12$ à $+ 20$
ou $+ 25$ degrés, pendant la belle saison. Nous avons constaté en
outre que ceux qui sont expulsés avec les crottins du cheval,
éclosent parfaitement et vivent pendant fort longtemps au milieu
des excréments, pourvu que ceux-ci ne soient point exposés à se
dessécher entièrement. Les jeunes vers, au moment où ils sortent
de l'œuf, sont longs de $0^{mm},34$ à $0^{mm},50$. Ils sont cylindroïdes, un
peu obtus en avant, et terminés en arrière par une queue grêle,
filiforme, qui est d'abord arquée ou courbée en crochet, mais
qui plus tard se redresse plus ou moins complétement. Dans
l'eau, ils vivent sans s'accroître pendant un temps de huit à
douze jours, mais dans le crottin humide, ils peuvent vivre pendant plusieurs mois, et prendre de l'accroissement au point de
devenir longs de $0^{mm},80$ à $1^{mm},45$. A partir du douzième ou du
quinzième jour, ils sont remarquables par leur corps long et
étroit, par leur queue filiforme de médiocre longueur, par leur
agilité et par la rapidité de leurs mouvements. Après quinze ou
vingt jours, leur tégument externe se plisse et constitue comme
une sorte d'étui dans l'intérieur duquel le ver libre se meut
d'une manière évidente. Dans la plupart des cas, le ver reste fort
longtemps dans cet état : quelquefois cependant le tégument externe se déchire, la mue dès longtemps préparée s'accomplit, et
le ver intérieur est mis en liberté. Il est alors d'un blanc jaunâtre
et son corps se termine par une pointe aiguë ou par une queue
filiforme, beaucoup plus courte que celle qu'il avait d'abord.

Quand les jeunes sclérostomes ont vécu pendant un certain

temps dans le crottin, on peut les mettre dans l'eau et les conserver sans qu'ils meurent pendant six ou huit mois, ou même
peut-être plus. Une température voisine de zéro ne les fait pas
mourir; cela nous fait présumer que, dans les circonstances ordinaires, les sclérostomes qui se sont suffisamment développés
dans le crottin, sont entraînés par l'eau des pluies jusque dans
les rivières, les abreuvoirs, les mares, et qu'ensuite ils reviennent dans l'économie animale avec l'eau des boissons. Nous
avons pu nous convaincre d'ailleurs que ces vers, après avoir
vécu pendant quelque temps dans le monde extérieur, reviennent dans le tube digestif des solipèdes, car nous en avons, à
différentes reprises, surpris quelques-uns qui, après s'être dé-
barrassés de leur tégument externe, s'étaient engagés dans l'é-
paisseur de la muqueuse du cœcum et du côlon où ils n'avaient
pas encore eu le temps de s'enkyster. Aussi pensons-nous qu'une
partie, sinon même la totalité des kystes décrits par M. Colin,
sont occupés par de jeunes sclérostomes qui sont éclos au dehors dans les crottins, qui ont passé là une première phase de
leur existence, et qui reviennent ensuite s'installer dans l'épaisseur de la muqueuse. Les kystes dans lesquels ils sont emprison-
nés, dans cette seconde phase de leur existence, sont très-faciles
à trouver, même sans le secours d'une loupe ou de tout autre in-
strument grossissant. Ils apparaissent sur la muqueuse, tantôt
sous la forme d'une petite tache noirâtre ou brunâtre, placée
au milieu d'une très-petite élevure, tantôt sous forme d'une
petite tache d'un aspect vitreux, moins facilement visible. Ces
kystes sont ronds ou elliptiques et offrent un diamètre de
$0^{mm},25$ à 1^{mm}. Ils contiennent tous un petit nématoïde, enroulé de
diverses manières et long de 1^{mm} à 8 ou 10 millimètres. Les plus
grands de ces vers offrent déjà une forme rapprochée de celle
des sclérostomes adultes; leur capsule pharyngienne commen-
cence à apparaître, et leur queue se termine par une pointe
aiguë ou par un mucron qui paraît comme surajouté. Nous
avons constaté d'ailleurs qu'ils doivent avoir à subir, soit dans
leur kyste, soit en dehors de cette cavité, une nouvelle mue, car
nous avons trouvé plusieurs de ces vers dont le tégument externe plissé formait une sorte de fourreau dans l'intérieur duquel était le petit animal, prêt à se débarrasser de son enve
loppe.

Dès que les jeunes sclérostomes ont pris dans leurs kystes un
développement suffisant, ils quittent cette demeure et pénètrent
dans l'intestin où ils s'accroissent, acquièrent des organes géni-

taux, s'accouplent et se reproduisent comme ceux qui les ont précédés. Mais ils ne réussissent pas tous à gagner l'intestin dans lequel ils doivent continuer à vivre. Quelques-uns restent dans leurs kystes, s'y accroissent et y prennent peu à peu les caractères du sclerostoma equinum à l'âge adulte, mais ils n'y acquièrent point d'organes génitaux et par conséquent demeurent stériles. On les trouve alors dans des tumeurs sous-muqueuses, remplies de sang altéré ou de pus. Nous en avons vu qui, dans cet état, avaient atteint 25 ou 30 millim. de longueur.

D'autres fois les poches qu'ils habitent sont situées plus loin des points où l'on trouve ordinairement leurs kystes. On en a signalé dans différentes régions de la cavité abdominale, au-dessous du péritoine, au voisinage des reins, sur la face postérieure du diaphragme et jusque dans l'intérieur du pancréas. Toujours, dans ces différents cas, ils sont privés d'organes génitaux. Il en est de même des sclérostomes incomplétement formés, que l'on rencontre de loin en loin dans certains anévrismes de l'artère mésentérique. Ces derniers ont le corps blanc ou rose avec la tête et le cou d'un rouge vif. Ils sont longs de 10 à 20 ou 25 millimètres. Leur tête, moins grosse que celle des vers de l'intestin, est comme elle armée de dents et pourvue d'une capsule pharyngienne. Enfin les mâles se distinguent des femelles par la présence de la bourse caudale. En général, on trouve ces vers en partie libres et en partie engagés dans des cellules ou lacunes irrégulières d'un caillot sanguin dont ils ont sans doute provoqué la formation et qui est adhérent aux parois du vaisseau. On doit à M. Rayer une excellente étude des altérations que détermine cette variété du sclerostoma equinum.

Tous les sclérostomes dont nous venons de rappeler la présence en dehors de l'intestin, et loin des régions où ils se développent ordinairement, n'ont pu, on le comprend, arriver au sein des organes qu'ils habitent qu'en voyageant à travers les tissus, après s'être égarés, au moment où ils ont été apportés dans l'économie, sortant du monde extérieur où ils ont vécu, ou bien encore au moment où ils ont quitté le kyste dans lequel s'est passée la seconde phase de leur existence. Par conséquent, dans les particularités que présente leur histoire, il n'y a rien qui soit en opposition avec la théorie de leurs migrations extérieures telle que nous l'avons exposée.

Sclérostome à quatre dents. *Sclerostoma tetracanthum* (Diesing). — Vers cylindroïdes, effilés un peu en avant, blancs, à tégument strié, les stries étant distantes les unes des autres de $0^{mm},009$ à $0^{mm},010$. Bouche terminale bordée par un rebord saillant qui porte une rangée de dents triangulaires aiguës, en petit nombre et en dehors desquelles existent quatre papilles aiguës plus ou moins saillantes. Cavité pharyngienne cylindroïde, courte. Œsophage en massue dans sa partie postérieure. Intestin peu sinueux, anus presque terminal. Deux glandes salivaires situées assez loin au-dessous de la terminaison de l'œsophage et pourvues chacune d'un long canal excréteur. *Mâle* long de $7^{mm},1/2$ à 10^{mm}, ayant la partie postérieure terminée par une grande expansion membraneuse en forme de coquille, non lobée ou obscurément lobée, fortement allongée dans sa partie médiane et soutenue par des côtes dont six médianes, les quatre du milieu bifurquées, et de chaque côté quatre latérales courtes et simples. Un seul testicule naissant au-dessous de la terminaison de l'œsophage, se repliant d'abord beaucoup en remontant vers la partie antérieure, puis redescendant, et venant former deux renflements séparés par un léger étranglement, avant de se terminer par un canal déférent d'un assez fort diamètre. Deux spicules très-grêles, égaux, longs de $1^{mm},30$ à $1^{mm}40$; spermatozoïdes filiformes, un peu renflés en bouton à un bout, longs de $0^{mm},009$ à $0^{mm},013$. *Femelle* longue de 10 à 12 millimètres, à queue obtuse et terminée par un mucron aigu et comme surajouté. Deux ovaires à partie grêle très-repliée dans la partie moyenne du corps, et se terminant chacun par un utérus assez renflé ; les deux utérus se réunissant en un oviducte commun qui vient s'ouvrir dans la vulve, située en avant de l'anus et à l'opposé du côté occupé par le mucron. Œufs presque ellipsoïdes, longs de $0^{mm},09$ à $0^{mm},11$, larges de $0^{mm},045$ à $0^{mm},05$.

Le sclerostoma tetracanthum habite le cœcum et le côlon des solipèdes, il est ordinairement libre au milieu des matières que renferment ces organes. On rencontre assez souvent des mâles et des femelles accouplés, de telle sorte qu'on est autorisé à croire que ce sont bien là des vers adultes. Aussi M. Diésing n'hésite-t-il pas à faire de cette forme une espèce distincte. Dujardin cependant la considérait comme une simple variété du *sclerostoma equinum* (de Blainv.), et quelques helminthologistes partagent encore cette opinion. La taille réduite du *sclerostoma tetracanthum* (Diés.), la présence des quatre papilles qui avoisinent la bouche, la forme particulière de la capsule pharyngienne et de l'armure buccale, le développement de l'appareil salivaire, la situation de la vulve très-près de l'anus, le mucron qui termine la queue de la femelle, et enfin les dimensions un peu plus grandes des œufs, sont autant de différences qui justifieraient pleinement l'opinion de M. Diésing, si déjà ce que nous avons dit des sclerostoma equinum de grande et de petite taille n'était de nature à faire soupçonner que, dans cette dernière espèce, plusieurs périodes successives de développement peuvent se présenter pour le même individu, avec cette condition particulière que, dans chacune d'elles, il est en état de se reproduire. Il y aurait donc de nouvelles recherches à faire pour élucider cette question. Nous allons voir d'ailleurs que la forme des jeunes sclerostoma tetracanthum diffère un peu de celle des jeunes sclerostoma equinum; c'est là ce qui nous a engagé à conserver la séparation des deux espèces, au moins jusqu'à ce que de nouvelles études aient été faites.

Les œufs du sclerostoma tetracanthum se segmentent dans les utérus comme ceux de tous les sclérostomes. Recueillis dans les organes génitaux des femelles, ils éclosent dans l'eau après un temps de quatre à huit ou dix jours. Ceux qui sont expulsés avec les crottins éclosent après trois ou quatre jours. Les embryons, au sortir de l'œuf, sont d'abord assez semblables à ceux du sclerostoma equinum. Mais après deux ou trois jours les uns et les autres sont faciles à distinguer à première vue. Ceux du sclerostoma tetracanthum sont plus épais et leur queue est beaucoup plus longue. Leurs mouvements sont en outre plus lents, et s'accomplissent presque sur place. Du reste ils se préparent à subir une mue comme ceux du sclerostoma equinum, car après douze ou quinze jours, on voit leur tégument externe se plisser et renfermer dans son intérieur un ver, pourvu d'un autre tégument, qui semble attendre que des circonstances favorables le débarrassent de cet étui cutané. Les jeunes sclerostoma tetracanthum s'accroissent dans le crottin. Longs de $0^{mm},47$ à $0^{mm},90$ au moment de leur naissance, ils peuvent, après deux ou trois mois, offrir une longueur de 1^{mm} à $1^{mm},50$. Ils peuvent aussi, comme les jeunes sclerostoma equinum, vivre fort longtemps dans l'eau, lorsqu'ils y sont portés après avoir acquis un certain développement. Il est donc à présumer, qu'après avoir vécu pendant quelque temps dans le monde extérieur, ils sont reportés dans les organes des solipèdes avec les boissons. Il est possible qu'ils s'enkystent dans la muqueuse du gros intestin, et qu'ils ne reviennent dans le cœcum et le côlon que pour y acquérir des organes génitaux, s'accoupler et se reproduire. Mais ce ne sont là que des conjectures, car jusqu'à présent nos recherches ne nous ont encore permis d'arriver à aucune connaissance certaine sur ce sujet dont nous poursuivons l'étude depuis plusieurs mois.

Le sclerostoma tetracanthum, bien qu'il puisse être très-abondant dans le cœcum et dans le côlon des solipèdes, n'a jamais été accusé de déterminer des accidents. On n'a pas non plus signalé de vers erratiques appartenant à cette espèce.

Sclerostome des ruminants. *Sclerostoma Hypostomum* (Duj.). — *Strongylus Hypostomus* (Rud.) — *Dochmius Hypostomus* (Dies.) — Corps blanc, cylindrique, filiforme, roide. Tête renflée, globuleuse, demi-transparente. Bouche orbiculaire située un peu latéralement ou un peu en dessous, largement ouverte, pourvue d'un rebord et d'une double rangée de dents triangulaires, étroites, aiguës, les intérieures plus transparentes. Capsule pharyngienne semi-globuleuse, résistante et comme cornée. Œsophage d'abord cylindrique, puis renflé en pilon, à canal intérieur triquêtre. Intestin plus large que l'œsophage, légérement sinueux. Anus presque terminal. Deux glandes salivaires ovoïdes, allongées, placées à une certaine distance au-dessous de l'œsophage, et donnant naissance chacune à un canal excréteur très-grêle qui vient s'ouvrir dans le fond de la capsule pharyngienne. Stries du tégument peu marquées, écartées de $0^{mm},005$ à $0^{mm},006$. *Mâle* long de 10 à 20 millimètres, à queue terminée par une bourse membraneuse presque campaniforme, ouverte d'un côté et soutenue par cinq côtes, savoir : une médiane à quatre branches principales, deux latérales à trois branches, et deux latérales externes à deux branches. Testicule naissant un peu au-dessous de la terminaison de l'œsophage, grêle, s'enroulant et se repliant autour de l'intestin, en descendant vers la partie postérieure du corps, où il se renfle en un canal déférent assez allongé. Deux spicules longs de $1^{mm},33$ à $1^{mm},73$. *Femelle* longue de 13 à 23 millimètres, à queue parfois encroûtée d'une matière noirâtre amorphe, conique, subobtuse et brusquement terminée par un mucron très aigu et recourbé du côté opposé à celui sur lequel s'ouvrent la vulve et l'anus. Ovaires assez grêles naissant un peu au-dessous de la terminaison de l'œsophage, se repliant deux fois dans toute la longueur du corps, en décrivant autour de l'intestin de nombreuses et inextricables circonvolutions, offrant dans leur partie terminale deux renflements allongés, suivis de deux autres plus courts et moins prononcés qui constituent les utérus et se réunissent ensuite en un oviducte commun assez court, aboutissant à la vulve située à $0^{mm},40$ ou $0^{mm},50$ de la pointe du mucron de la queue. Œufs elliptiques longs de $0^{mm},09$ à $0^{mm},11$, larges de $0^{mm},045$ à $0^{mm},065$.

Le sclérostome que nous venons de décrire est asssez commun dans le gros intestin de nos ruminants domestiques. Il est surtout très-fréquent chez les bêtes ovines. Souvent on trouve des individus probablement plus jeunes dont la bouche, entièrement terminale, est moins largement ouverte et pourvue d'une seule rangée de dents encore peu nombreuses. Ces vers manquent encore de capsule pharyngienne, et portent souvent sur les côtés de la tête des espèces de boursouflements membraneux. Quant aux organes intérieurs, ils sont en tout semblables à ceux que nous avons signalés, ce qui éloigne nécessairement toute idée de séparer ces vers du *sclerostoma hypostomum* (Duj.). M. Creplin a décrit un *strongylus cernuus* qui ne diffère point sensiblement du *sclerostoma hypostomum* (Duj.), et qui, par conséquent, doit être considéré comme étant de la même espèce que celle dont nous avons tracé les caractères.

Le sclérostome des ruminants se reproduit de la même manière que celui des solipèdes. Ses œufs, dont le vitellus se segmente dans les utérus des femelles, sont pondus dans le gros intestin et portés au dehors avec les matières fécales. Ils éclosent ensuite après quelques jours, et les embryons qui en sortent sont très-semblables par leur forme générale à ceux du *sclerostoma tetracanthum*. Ils sont cylindroïdes, subobtus en avant, et pourvus d'une queue grêle beaucoup plus courte que celle des jeunes sclérostomes du cheval. Ils se meuvent d'ailleurs de la même manière que ceux-ci. Ils peuvent vivre longtemps dans les matières fécales des ruminants lorsque celles-ci ne se dessèchent pas, et, dans ces conditions, ils prennent de l'accroissement. Des jeunes sclérostomes qui, au sortir de l'œuf, étaient longs de $0^{mm},35$ à $0^{mm},50$, ont été retrouvés dans des crottins de moutons, conservés humides, avec une longueur de $0^{mm},66$ à $0^{mm},78$, après deux mois et demi. Leur tégument, qui se plisse à la surface du corps, semble indiquer que, comme les sclérostomes du cheval, ils se préparent à subir une mue. Les jeunes *sclérostoma hypostomum* peuvent vivre longtemps dans l'eau après avoir pris une certaine taille dans les matières fécales des ruminants. Au mois d'août dernier, nous avons trouvé deux de ces jeunes vers dans l'eau d'une mare où l'on abreuvait les bestiaux d'une métairie. Cela nous a porté à penser qu'ils sont destinés à revenir dans l'intestin avec les boissons.

Jusqu'à présent nous n'avons point observé de kystes dans l'épaisseur de la membrane muqueuse du gros intestin du mouton. Mais, comme les *sclerostoma hypostomum* sont en bien plus petit nombre chez les ruminants que les *sclerostoma equinum* ou *tetracanthum* chez le cheval, nous ne pouvons encore tirer aucune conclusion du résultat négatif de nos recherches. Nous ne saurions donc dire, quant à présent, si les sclérostomes des ruminants passent la seconde phase de leur existence dans des kystes, ou bien s'ils se développent dans le tube intestinal lui-même, au milieu des matières alimentaires qui s'y trouvent contenues.

Les œufs des sclérostomes des ruminants, pris directement dans les utérus des femelles, et conservés dans l'eau à une température de $+12$ à $+20$ degrés, éclosent au bout de quatre ou cinq jours, après avoir offert toute la série des modifications

successives qui se font observer également dans les œufs des
sclérostomes des solipèdes.

Sclérostome du porc. *Sclerostoma Dentatum* (Dies.). *Strongylus Dentatus*
(Rud.). — Corps blanchâtre ou gris brunâtre. Tête obtuse large de $0^{mm},08$
à $0^{mm},10$. Bouche terminale circulaire bordée de six dents aiguës disposées
en couronne, œsophage cylindroïde d'abord, puis renflé en massue dans
sa partie postérieure. Intestin plus large que l'œsophage. Deux glandes salivaires situées plus bas que l'œsophage et donnant naissance à des canaux
excréteurs grêles qui aboutissent à la bouche. Stries du tégument peu marquées et écartées de $0^{mm},002$. *Mâle* long de 10 millimètres, large de $0^{mm},35$
à $0^{mm},40$, à queue terminée par une bourse caudale membraneuse presque
campaniforme, ouverte d'un côté, soutenue par trois côtes, la médiane à
quatre branches principales, et les deux latérales à trois branches. Testicule naissant au-dessous de l'œsophage et descendant en augmentant un
peu de diamètre et en décrivant quelques circonvolutions jusqu'à ce qu'il
produise deux renflements ovoïdes, à la suite desquels se trouve le canal
déférent à parois épaisses et musculeuses. Deux spicules grêles, bordés
d'une membrane transparente, longs de $1^{mm},13$. *Femelle* longue de 13
millimètres, à queue s'amincissant insensiblement puis se terminant brusquement en un mucron aigu. Ovaires naissant tous deux au-dessous de
l'œsophage et descendant ensemble, en décrivant des circonvolutions vers
la queue, produisant avant leur terminaison, chacun, un utérus renflé qui
s'amincit ensuite progressivement et va se rendre avec l'autre dans une
petite poche presque sphéroïde, au milieu de laquelle s'ouvre la vulve
située à $0^{mm},59$ à $0^{mm},65$ de la pointe de la queue. Œufs ovoïdes, longs de
$0^{mm},06$ à $0^{mm},08$, larges de $0^{mm},035$ à $0^{mm},045$.

Cet helminthe habite l'intestin du porc et du sanglier. On le
signale comme se rencontrant surtout dans le cœcum et dans le
côlon. Je l'ai trouvé à plusieurs reprises, aussi bien dans l'intestin grêle que dans le gros intestin. Ses œufs, recueillis dans les
utérus des femelles, se comportent comme ceux des espèces pré-
cédentes. Lorsqu'on les conserve dans l'eau, ils éclosent vers le
quatrième jour. Ceux qui sont rendus avec les matières fécales
éclosent dès le troisième jour. Au sortir de l'œuf, les jeunes sclérostomes du porc ont le corps long de $0^{mm},20$ à $0^{mm},25$ et la queue
longue de $0^{mm},03$ à $0^{mm},04$. Je n'ai pas encore pu suivre leur
développement, mais leur présence dans les matières fécales ne
permet guère de douter de l'analogie qu'il doit y avoir entre la
reproduction de ces nématoïdes et celle des autres vers du
même genre. Nous devons ajouter cependant que nous avons
cherché en vain, dans l'épaisseur de la muqueuse intestinale du
porc, des kystes analogues à ceux que nous avons indiqués chez
le cheval.

GENRE STÉPHANURE. *Stephanurus* (Dies.). « Vers à corps cylindrique,
« élastique, plus aminci en avant; bouche grande, presque orbiculaire, à
« six dents peu marquées, dont deux opposées plus fortes. *Mâle* à queue
« droite, couronnée par cinq lobes que réunit une menbrane; spicule ter-
« minal simple, saillant entre trois papilles coniques. *Femelle* à queue inflé-
« chie, obtuse, terminée par une pointe (un rostre) et portant de chaque
« côté un tubercule obtus. » (Dujardin.)

Stéphanure denté. *Stephanurus dentatus* (Dies.). — « *Mâle* long de
« 22 à 30 millimètres, large de $2^{mm},2$. *Femelle* longue de 34 à 40 millim.,
« large de $3^{mm},37$. » (Dujardin.)

« Ce ver vit isolément ou plusieurs ensemble dans des kystes
« du mésentère des cochons de race chinoise; on ne le cite
« qu'au Brésil, où il a été observé par Natterer. » (P. Gervais et
van Bénéden.

GENRE DOCHMIE. *Dochmius* (Duj.) — Corps cylindrique mince. Tête un
peu portée sur le côté et obliquement tronquée en dessus, contenant une
large capsule pharyngienne cupuliforme tapissée par une membrane résistante. Bouche orbiculaire latérale, largement ouverte, dépourvue de dents,
ou pourvue seulement d'une forte dent à trois pointes de chaque côté. *Mâle*
ayant l'extrémité postérieure terminée par une bourse caudale à trois lobes
soutenus par des côtes. Deux spicules. *Femelle* à queue amincie, droite,
conique. Vulve toujours située en arrière du milieu de la longueur du
corps.

Jusqu'à présent les dochmies n'ont encore été trouvées que
dans l'intestin des mammifères carnassiers.

Dochmie du chien. *Dochmius trigonocephalus* (Duj.). — Corps blanc,
mince, cylindrique. Tête large de $0^{mm},08$ à $0^{mm},12$, inclinée sur le côté,
obliquement tronquée et pourvue de trois lobes transparents visibles seulement lorsqu'on l'examine de face. Bouche un peu latérale, orbiculaire et
pourvue d'un rebord saillant. Capsule pharyngienne en forme de cupule
évasée. Œsophage cylindroïde, puis renflé en massue dans sa seconde
moitié. Intestin moins large que l'œsophage un peu bossué. Anus placé un
peu en avant de la pointe de la queue. Deux glandes salivaires situées à
une assez grande distance en arrière de la terminaison de l'œsophage,
fusiformes, pourvues d'une sorte de noyau central, et donnant naissance
en avant, chacune, à un conduit excréteur, long et grêle, qui se rend au fond
de la capsule pharyngienne. Stries du tégument écartées de $0^{mm},003$ à
$0^{mm},004$. *Mâle* long de 6 à 8 millimètres, à queue terminée par une bourse
caudale à trois lobes, soutenue par des côtes, dont une médiane bifurquée
à branches bifides, deux autres partant de la partie supérieure de celle-ci,
se portant sur les lobes latéraux et constituant ensemble un demi-cercle;
et enfin de chaque côté quatre autres simples et plus ou moins écartées. Un
seul testicule naissant vers les deux tiers postérieurs de la longueur du

corps, se repliant en 8 sur lui-même dans une petite étendue à son origine, puis remontant jusqu'au tiers antérieur du corps, pour redescendre en se renflant insensiblement jusqu'au niveau de son origine où il présente un étranglement auquel fait suite le canal déférent renflé, triquètre et marqué de fibres obliques. Deux spicules très-grêles, longs de $0^{mm},60$ à $0^{mm},70$. *Femelle* longue de 9 à 13 millimètres, à queue conique et mucronée. Ovaires naissant tous deux vers le tiers antérieur du corps, se dirigeant l'un en avant, l'autre en arrière, se repliant chacun deux fois en faisant de nombreuses circonvolutions dans presque toute la longueur du corps, puis produisant chacun un renflement allongé, sorte d'utérus, duquel émane un oviducte particulier, qui marchant à la rencontre de l'autre oviducte, vient comme lui se rendre dans une sorte de vestibule commun, petit, ovoïde, au centre duquel est percée la vulve située à une distance de 6 à 8 millimètres de la bouche. Œufs elliptiques longs de $0^{mm},074$ à $0^{mm},084$, larges de $0^{mm},048$ à $0^{mm},054$.

Le *dochmius trigonocephalus* habite l'intestin du chien. Chabert, d'après Rudolphi, l'a aussi trouvé dans l'estomac du même carnassier. Il n'est pas rare, mais comme il est très-petit, et qu'il ne se trouve pas communément en grand nombre dans l'intestin, il échappe assez souvent à l'attention, si on ne le cherche pas avec beaucoup de soin. D'après Dujardin, il aurait été vu en 1813 dans le cœur d'un chien. Il n'est pas impossible que ce ver existe quelquefois dans l'appareil circulatoire. Nous avons cru nous-même l'y avoir rencontré en 1854. Mais nous avons reconnu depuis que les helminthes que nous avions rapportés au *dochmius trigonocephalus* n'étaient point les mêmes que ceux qui habitent l'intestin, et qu'ils devaient appartenir au genre strongle.

Les femelles du *dochmius trigonocephalus*, de même que celles des sclérostomes, renferment dans leurs organes génitaux des œufs dont le vitellus se segmente entièrement avant la ponte. Lorsqu'on prend ces œufs dans les utérus, et qu'on les conserve dans l'eau à une température de $+12$ à $+15$ ou $+20$ degrés, ils éclosent après un temps qui varie entre quatre et huit jours. Les jeunes *dochmius trigonocephalus*, au moment où ils sortent de l'œuf, sont sous forme de petits vers cylindroïdes peu atténués dans la partie antérieure où se trouve leur tête subobtuse. Leur queue longuement atténuée est conique, très-aiguë, dépourvue de filament grêle, ou portant tout au plus une petite épine très-courte, filiforme, à son extrémité. Ils sont longs de $0^{mm},24$ à $0^{mm},32$, et peuvent vivre dans l'eau sans s'accroître d'une manière bien sensible pendant six ou huit jours. Nous n'avons pas eu occasion de suivre le développement des œufs de *dochmius* naturellement expulsés au dehors. Cependant on peut présumer qu'il doit se passer, pour eux, quelque chose d'analogue à ce que nous avons observé pour les sclérostomes, puisque leurs œufs, pris dans les utérus, se comportent, dans l'eau, comme ceux de ces derniers vers.

Dochmie des chats. *Dochmius tubœformis* (Duj.). — *Ophiostoma tubœformis* (Paul. Gerv. et Van Bénéd.). — *Strongylus tubœformis* (Rud.) — Corps grisâtre, cylindrique, grèle, aminci en avant. Tête recourbée en dessus et très-obliquement tronquée. Bouche s'ouvrant en dessous et en travers comme une bouche de serpent, garnie de chaque côté d'une forte dent à trois pointes. Œsophage allongé en massue. Stries du tégument écartées de 0^{mm},0060 à 0^{mm},0063. — *Mâle* long de 6 à 7 millimètres à bourse caudale évasée en trompette, deux spicules très-grèles, longs de 0^{mm},50. — *Femelle* longue de 6 à 9 millimètres à queue conique aiguë et mucronée. Vulve située à un millimètre seulement en avant de l'anus. Œufs longs de 0^{mm},045 à 0^{mm},047.

Ce ver a été trouvé par Zéder dans le duodénum du chat domestique *felis catus*. On l'a trouvé depuis en Allemagne, en Hollande, en Belgique, en France, soit dans l'intestin du même carnassier, soit chez d'autres animaux du genre *felis* conservés dans les ménageries.

Avant de terminer la tribu des sclérostomiens nous signalerons encore le genre *syngamus* (Siébold), dans lequel se trouve une espèce, le *syngamus trachealis* (Siéb.), qui est parasite de divers oiseaux, et que l'on a observée quelquefois dans la trachée des coqs et des poules.

D. TRIBU DES STRONGYLIENS. — Corps cylindrique. Tête sans lobe avec la bouche nue ou entourée de papilles. Point de bulbe pharyngien. Point de ventricule. Un intestin très-large. Extrémité postérieure pourvue chez les mâles d'une bourse caudale soutenue par des côtes. Un seul spicule ou deux spicules égaux. Un seul ovaire ou deux ovaires.

M. Blanchard donne pour caractère essentiel de cette tribu un ovaire simple. Mais jusqu'à ce que l'on ait remanié le genre Strongle en tenant compte de ce caractère anatomique fort important, et que l'on en ait fait sortir toutes les espèces à ovaires doubles, la phrase caractéristique formulée d'une manière aussi absolue ne saurait être admise. Aussi, tout en partageant l'opinion de M. Diesing, qui déjà a séparé du genre *strongylus* quelques espèces qu'il a fait entrer dans le genre *eustrongylus*, nous continuerons à réunir encore dans une même tribu toutes les espèces de nos mammifères domestiques, qui, jusque dans ces derniers temps, ont été considérées à tort ou à raison comme des strongles.

GENRE STRONGLE. — *Strongylus* (Muller). — Corps cylindrique, souvent très-mince, toujours fort allongé et en général un peu atténué en avant. Tête petite, nue ou munie de deux expansions latérales membraneuses ou vésiculeuses. Bouche petite, nue ou entourée de papilles, orbiculaire ou triangulaire comme le canal œsophagien, quand elle est protractée. — *Mâle* ayant l'extrémité postérieure pourvue d'une bourse caudale plus ou moins ouverte. Un ou deux spicules. — *Femelle* ayant la queue conique en pointe obtuse ou mucronée. Un ou deux ovaires. Vulve située en arrière du milieu du corps, et quelquefois près de l'anus.

Le genre Strongle renferme des espèces nombreuses qui, probablement, seront réparties dans plusieurs genres lorsque l'on connaîtra mieux leur organisation. Déjà, ainsi que nous l'avons dit plus haut, M. Diésing a formé de quelques-unes de ces espèces le genre *Eustrongylus* auquel il a donné pour type le *strongylus gigas* (Rud.). Nous aurions voulu pouvoir le suivre dans cette voie. Malheureusement il y a plusieurs strongles de nos animaux domestiques que nous n'avons pas eu occasion d'étudier nous-même, et que nous n'aurions su où classer. C'est pour cette raison seule que nous avons conservé ce groupe avec les caractères vagues que les helminthologistes lui ont attribués jusque dans ces derniers temps.

En général, les strongles se rencontrent dans les organes qui sont en libre communication avec l'air comme les voies digestives ou les voies respiratoires. On en trouve cependant quelques-uns dans des kystes particuliers situés au sein des tissus, dans les vaisseaux et jusque dans les reins.

Strongle géant. *Strongylus gigas* (Rud.). — *Eustrongylus gigas* (Dies.) — Corps d'un rouge sanguin, cylindrique, très-long, légèrement atténué aux deux extrémités, présentant dans toute son étendue des stries ou des annulations transverses interrompues, et huit faisceaux de fibres longitudinales également espacés les uns des autres. Tête obtuse, bouche petite, orbiculaire, entourée de six papilles rapprochées. Œsophage long et grêle. Intestin très-large. — *Mâle* long de 14 à 40 centimètres, large de 4 à 6 millimètres, à queue obtuse terminée par une bourse membraneuse entière. Un seul spicule très-grêle. — *Femelle* longue de deux décimètres à un mètre, large de 4 à 12 millimètres, à queue obtuse, droite ou très-légèrement recourbée. Anus triangulaire oblong, situé sous l'extrémité caudale. Un seul ovaire naissant tout à fait à l'extrémité postérieure du corps, remontant jusqu'à une petite distance de la terminaison de l'œsophage, pour redescendre jusqu'à la queue où il se pelotonne et d'où il revient en avant en prenant un diamètre plus considérable pour donner naissance ensuite à un oviducte grêle qui vient s'ouvrir dans la vulve située à une très-petite distance au-dessous de la terminaison de l'œsophage. Œufs ovoïdes ou presque globuleux, brunâtres, longs de $0^{mm},07$ à $0^{mm},08$, larges de $0^{mm},04$.

Ce ver, heureusement très-rare, est le géant de l'ordre des Nématoïdes. Il habite dans les reins de l'homme, du cheval, du bœuf, du chien, du loup, du renard, du phoque et de quelques autres animaux sauvages. Il est rare que l'on en rencontre plus d'un ou deux ensemble dans le même rein. Cependant on a signalé quelques cas dans lesquels on en a vu jusqu'à trois, cinq et même huit chez un seul animal. Le strongle géant est l'un des plus dangereux helminthes qui attaquent l'homme et les animaux. Lorsqu'il existe dans un rein, il en détruit peu à peu la substance et cause de tels ravages que le malade endure des souffrances atroces et succombe le plus souvent. Parfois, après avoir désorganisé le tissu de la glande, il perfore les parois de la poche dans laquelle il est renfermé et tombe dans le péritoine. M. Plasse (de Niort) a rapporté à M. U. Leblanc un cas dans lequel trois strongles géants énormes occupaient le même rein chez un chien. L'un d'eux avait pénétré dans la cavité abdominale, après avoir rompu la coque du rein qui l'enveloppait encore en partie. Les deux autres étaient restés dans l'organe altéré. Dans d'autres circonstances, le parasite, avant d'avoir acquis un volume trop considérable, s'engage dans l'un des uretères et peut ainsi arriver jusque dans la vessie où on le trouve à l'autopsie. D'autres fois il poursuit son chemin et passe dans le canal de l'urèthre comme s'il voulait s'échapper au dehors. M. Lacoste, vétérinaire principal au dépôt de remonte de Caen, a publié un fait très-curieux dans lequel un chien de chasse épagneul a rendu, par le canal de l'urèthre, un strongle géant de la grosseur d'un tuyau de plume et de quarante centimètres de longueur. (*Mémoires de la Société vétérinaire du Calvados et de la Manche*, 1845.) Le plus ordinairement cependant lorsque le ver prend cette voie, il est arrêté par la partie du canal qui correspond à l'os pénien. Il s'introduit alors dans le tissu cellulaire environnant, et détermine dans la région qui s'étend de la partie ischiale du canal à l'os du pénis, soit en avant, soit en arrière du testicule, la production d'une tumeur dans laquelle il continue probablement à s'accroître au milieu du pus dont il provoque la sécrétion. M. U. Leblanc, à qui nous empruntons ces détails, a publié trois observations très-intéressantes sur des tumeurs déterminées par cette cause chez le chien. Dans ces trois cas, la ponction de la tumeur et la sortie du ver ont suffi pour guérir les malades. (*Recueil de médecine vétérinaire*, 1862, page 800.)

Le strongle géant se trouve quelquefois aussi en dehors des organes urinaires. Rudolphi l'a rencontré, en Allemagne, dans le foie, dans le poumon et dans l'intestin du phoque. Pallas en a vu un dans le mesentère d'un glouton (*gulo articus*. Desm.) Enfin le docteur Jones a signalé un cas où un strongle géant (?) a été recueilli à Philadelphie dans le cœur d'un chien avec cinq filaires. (*Filaria immitis*. Leidy.)

Strongle micrure. *Strongylus micrurus* (Mehlis). — « Corps filiforme. « Tête arrondie non ailée. Limbe de la bouche pourvu de trois papilles pe- « tites. Longueur du *mâle* 40 millimètres. Bourse entière avec cinq rayons « fendus profondément. Longueur de la *femelle*, 80 millimètres plus ou « moins. Extrémité caudale pointue. Vulve située en avant du milieu du « corps. Vivipare. » (Davaine.)

Ce ver habite dans les voies respiratoires et particulièrement dans les bronches, chez les jeunes animaux des espèces de l'âne, du cheval et du bœuf. Il apparaît le plus souvent par milliers, et détermine une bronchite vermineuse qui assez ordinairement revêt le caractère épizootique. Il a été observé par un grand nombre de vétérinaires et de zoologistes, parmi lesquels nous citerons Camper, Vigney, Nichols, Mehlis, Eichler, Gurlt, MM. van Bénéden, Reynal, Delafond, Janné, etc. C'est ordinairement en été ou en automne que l'on observe la bronchite vermineuse due au *strongylus micrurus* (Mehlis). Elle se transmet par la cohabitation des animaux sains avec les animaux malades, ou simplement par la fréquentation des mêmes pâturages. Il est très-probable que la propriété que possèdent les femelles de cette espèce d'être vivipares est l'une des principales causes de la facilité de cette transmission que tous les auteurs ont signalée. Nous reviendrons d'ailleurs un peu plus loin, en faisant l'histoire du *strongylus filaria* (Rud.), sur le mode de reproduction et de propagation des strongles qui habitent les voies respiratoires de nos animaux domestiques.

Strongles des ruminants. — Rudolphi a décrit sept espèces de strongles existant chez les ruminants; l'une d'elles, n'étant autre chose que le sclerostoma hypostomum, il en reste encore six que Dujardin réduit à trois : A. le *strongylus filaria* (Rud.) des bronches, sur l'identité duquel on ne peut se tromper; B. le *strongylus contortus* (Rud.), qu'il croit être le même que le *strongylus filicollis* (Rud.) et le *strongylus ventricosus* (Rud.), et C. enfin le *strongylus radiatus* (Rud.) qui, pour lui, est identique avec le *strongylus venulosus* (Rud.). Jusqu'à présent, je n'ai eu occasion d'observer que le *strongylus filaria* (Rud.) et le *strongylus filicollis* (Rud.). Je décrirai ces deux espèces, d'après mes propres observations. Quant aux autres qui ont été signalées comme distinctes, je me verrai forcé de transcrire simplement les diagnoses qu'en ont données les auteurs.

Strongle filaire. *Strongylus filaria* (Rud.). — Corps blanc, filiforme, très-long, presque d'égale épaisseur, aminci seulement aux extrémités. Tête obtuse, large de $0^{mm},06$ à $0^{mm},12$, quelquefois un peu renflée. Bouche circulaire pourvue d'un rebord peu prononcé. Œsophage se renflant un peu en massue dans sa partie postérieure. Intestin un peu plus large que l'œsophage, peu ou point flexueux. Anus situé un peu avant l'extrémité de la queue. Deux glandes salivaires un peu fusiformes, allongées, situées un peu au-dessous de la terminaison de l'œsophage, donnant naissance en avant à deux canaux excréteurs grêles qui viennent s'ouvrir dans la bouche. Tégument sans stries transverses. — *Mâle* long de 45 à 80 millimètres, à queue pourvue d'une expansion membraneuse un peu oblique, soutenue par dix côtes distinctes, et formant une bourse caudale légèrement campaniforme, ouverte sur le côté. Testicule naissant un peu au-dessous de l'œsophage, et descendant en formant quelques sinuosités jusqu'à la partie postérieure du corps où il se termine par le canal déférent. Deux spicules bruns, épais, courts, arqués, bordés dans presque toute leur longueur de deux ailes membraneuses, jaunes, élargies un peu avant de se terminer, longs de $0^{mm},45$ à $0^{mm},57$, larges de $0^{mm},082$ à la base et élargis jusqu'à $0^{mm},12$ par les ailes membraneuses auprès de l'extrémité. — *Femelle* longue de 55 à 102 millimètres, à queue droite terminée en pointe allongée. Ovaires prenant naissance l'un au-dessus, l'autre au-dessous de la vulve, se dirigeant en sens inverse et formant une anse, le premier en avant pour redescendre jusqu'au dessous de la vulve, le second en arrière pour remonter au-dessus de cette ouverture, tous deux marchant ensuite à la rencontre l'un de l'autre, et donnant naissance chacun à un oviducte particulier qui se rend dans une poche ovoïde, sorte d'utérus au centre duquel est percée la vulve. Diamètre des ovaires d'abord très-grêle, augmentant beaucoup lors de la première courbure, et ne se réduisant plus ensuite qu'aux points où se forment les oviductes particuliers. Vulve située à 40, 46, et même 57 millimètres de la bouche, offrant deux lèvres saillantes susceptibles de s'écarter et apparaissant à l'extérieur sous forme d'un petit tubercule à deux lobes. Œufs elliptiques, longs de $0^{mm},112$ à $0^{mm},135$, larges de $0^{mm},052$ à $0^{mm},067$, se modifiant souvent à chaque instant dans leur forme et dans leurs dimensions par suite des mouvements des embryons qu'ils renferment. Embryons vivants, repliés en 8 dans l'intérieur de l'œuf, se débarrassant des enveloppes dans le corps de la mère, et se trouvant alors longs de $0^{mm},60$ à $0^{mm},75$ et larges de $0^{mm},03$.

Le strongle filaire habite l'intérieur des bronches des bêtes ovines, des chèvres et même du dromadaire et du chameau. On le

trouve parfois, en très-grande quantité, surtout chez les bêtes
ovines, et il devient alors la cause d'une bronchite vermineuse
comparable à celle des veaux. En général, ces vers sont disséminés
dans toute l'étendue des bronches où ils sont mêlés à un mucus
spumeux dont leur présence a sans doute provoqué la formation.
Cependant, lorsqu'ils sont peu nombreux, on les trouve surtout
accumulés aux extrémités profondes des divisions bronchiques.
Il est probable que c'est principalement dans les pâturages humides que les ruminants prennent des strongles filaires. Pour
nous éclairer sur ce point, nous avions commencé, à Toulouse,
des expériences dont nous avons dû ajourner la continuation à
une autre époque. Nous donnerons cependant, sous la réserve de
la nécessité de faire de nouvelles recherches, les principaux résultats que nous avons obtenus.

Dans les ovaires d'une femelle adulte du *strongylus filaria* (Rud.)
on trouve des œufs très-différents les uns des autres. Dans la
partie la plus reculée des tubes ovigènes il n'existe que de la matière granuleuse qui, peu à peu, se prend et forme de petites masses irrégulières destinées à constituer plus tard les éléments du
vitellus. Plus loin, on commence à rencontrer des œufs bien formés, pourvus de leur coque qui est mince et transparente et de
leur vitellus qui est finement granuleux et remplit la totalité de
la coque. L'œuf est elliptique ou à peu près elliptique, et, à part
ses dimensions qui sont essentiellement différentes, il rappelle
assez par son aspect l'œuf des sclérostomes du cheval ou des ruminants. En avançant davantage et progressivement vers la partie terminale de l'appareil génital, on voit ces œufs passer successivement par les différentes phases de la segmentation du jaune
en deux, quatre ou un plus grand nombre de lobes, jusqu'à ce
qu'enfin leur contenu ait revêtu l'aspect muriforme qui indique
la phase ultime de la segmentation. Mais le travail qui se poursuit dans les utérus ne s'arrête pas à ce point, et en cela les œufs
du strongle filaire diffèrent beaucoup de ceux des sclérostomes.
Après s'être divisé en un grand nombre de petites sphères contiguës, le vitellus redevient granuleux, s'échancre sur l'un de ses
côtés, et finit par prendre la forme d'un embryon. Celui-ci, d'a-
bord confus, est replié en long sur lui-même de manière à offrir
deux courbures, puis il devient plus distinct, et dès lors on le
voit s'agiter dans l'œuf et changer sans cesse de position. Bientôt il se débarrasse de son enveloppe, et peut quitter les organes
génitaux de la mère.

Les jeunes strongles filaires, au moment où ils éclosent, sont doués d'une vitalité remarquable. Il nous est arrivé plusieurs fois de conserver les mères dans l'eau ou dans l'air humide jusqu'à ce qu'elles fussent arrivées à un degré de putréfaction très-avancé, et de retrouver, au milieu de leurs débris, leurs petits encore vivants. Dans d'autres circonstances, nous avons recueilli les jeunes strongles dans des capsules de verre que nous avons placées dans l'herbe, au milieu d'un vase à fleurs recouvert d'une cloche à bouture ordinaire, et, dans de semblables conditions, nous avons pu les conserver vivants pendant deux et trois mois. Nous n'avons pas observé cependant qu'ils se soient accrus d'une manière bien sensible dans l'eau où nous les avions forcés à vivre. Quelques-uns seulement ont pris une longueur de 1 millim. à 1^{mm},25, mais la plupart sont restés avec leur longueur de 0^{mm},60 à 0^{mm},75.

C'est probablement avec l'herbe des pâturages humides, et avec l'eau des boissons que ces embryons reviennent dans l'organisme des bêtes ovines. Jusqu'à présent nous n'avons pu découvrir comment ils se rendent dans les voies respiratoires ; mais nous avons observé quelques faits desquels il résulte qu'ils s'enkystent dans le poumon lui-même. Dès 1859, nous avons signalé, à la Société de médecine de Toulouse, la présence dans le poumon d'une brebis morte du tournis, de tumeurs particulières au centre desquelles vivaient de petits nématoïdes, encore dépourvus d'organes sexuels. Plus tard, et à diverses époques, en 1861 et en 1863, nous avons retrouvé de semblables tumeurs chez d'autres animaux de l'espèce ovine et nous avons été amené à considérer les vers qu'elles contenaient comme des strongles filaires, en voie de se développer et d'acquérir des organes génitaux. Dans le double but de voir si ces vers peuvent revenir dans l'organisme avec les aliments ou avec les boissons, et si c'est réellement à eux qu'il faut attribuer les tumeurs que nous venons de signaler, nous avons fait prendre à des agneaux de l'eau tenant en suspension un grand nombre d'embryons éclos, tirés des utérus de plusieurs femelles de cette espèce. L'un d'eux, sacrifié douze jours après le début de l'expérience, a présenté à la surface du poumon, et sur les coupes faites dans le tissu de cet organe, de petites taches d'un rouge foncé dans lesquelles il nous a été impossible de retrouver des vers. Un autre, tué par effusion de sang, trente-deux jours après avoir pris les embryons du strongle filaire, a offert, dans la partie postérieure du poumon, de petites tumeurs, à parois demi-vitreuses, ayant à peine un ou deux millimètres de diamètre, et dans lesquelles existaient, pelotonnés sur eux-mêmes, des vers agames, effilés, très-grêles, et longs de 5 à 10 ou 12 millimètres. Ces tumeurs nous ont paru de même nature que celles dont nous avons parlé plus haut et que nous avions trouvées accidentellement chez des animaux adultes. Nous aurions voulu pouvoir multiplier nos expériences avant de tirer aucune conclusion des faits que nous venons de rapporter. Néanmoins ils sont suffisants pour que nous soyons porté à croire que les strongles filaires, arrivés dans le poumon d'une manière que nous ne pouvons encore rigoureusement déterminer, se développent dans des kystes particuliers.

Les caractères que présentent ces kystes sont assez tranchés. Ils font légèrement saillie, sous forme de petites élevures demivitreuses, à la surface du poumon. Leur diamètre est de deux ou trois millimètres. Lorsqu'ils existent dans la profondeur de l'organe ils offrent le même aspect. Quelques-uns sont entièrement clos ; d'autres nous ont paru communiquer avec les plus fines divisions bronchiques. Parfois ils ne renferment qu'un seul petit nématoïde, d'autres fois ils en contiennent deux ou un plus grand nombre. Sur deux animaux, nous avons vu de semblables tumeurs exister en même temps que des strongles filaires adultes étaient disséminés dans les bronches.

Le mouton n'est pas le seul mammifère domestique qui soit exposé à héberger des strongles ovovivipares dans les voies respiratoires. Déjà nous avons vu que les bêtes bovines et les solipèdes peuvent avoir leurs bronches envahies par le *strongylus micrurus* (Mehlis.), et nous verrons plus loin que chez le porc une espèce analogue, le *strongylus elongatus* (Duj.), vit aussi dans les mêmes organes. Il est à présumer que le développement des vers de ces deux espèces doit se faire de la même manière que celui des strongles parasites du mouton (1).

Strongle filicole. *Strongylus filicollis* (Rud.). — Corps longuement effilé dans sa partie antérieure, bouche circulaire, petite, nue. Tête pourvue

(1) Pendant l'impression de cet article, il a paru dans les *Bulletins de l'Académie de médecine* (séance du 17 juillet 1866) un travail de M. Colin qui confirme les faits que nous avançons au sujet des strongles des voies respiratoires, et répand sur leur histoire de nouvelles lumières. M. Colin a fait ses recherches tout à la fois sur les *strongylus filaria* (Rud.), *st. micrurus* (Mehl.) et *st. elongatus* (Duj.). Il a constaté comme nous que les embryons de ces espèces ovovivipares se conservent vivants dans l'eau douce pendant un certain temps, et que c'est à cela qu'ils doivent probablement la propriété de se transmettre facilement d'un individu à un autre. Il a vu ensuite que, chez les mammifères, ces helminthes, avant de s'installer dans les bronches, vivent dans de petites tumeurs du poumon qui ont un volume variant entre celui d'un grain de chènevis et celui d'une noisette. Il a reconnu que les femelles adultes se retirent et meurent dans quelques-unes de ces tumeurs qui

sur les côtés de deux ailes membraneuses transparentes. Œsophage médiocrement long, renflé en massue à sa partie postérieure. Intestin peu flexueux. — *Mâle* long de 10 à 13 millimètres, filiforme et à peu près de même diamètre dans toute sa longueur, à queue pourvue de deux larges ailes membraneuses, distinctes et soutenues chacune par 5, 6 ou 7 côtes, deux spicules longs de $0^{mm},91$, et un peu dilatés à leur origine. — *Femelle* longue de 16 à 24 millimètres, présentant assez distinctement une partie antérieure très-grêle, et une partie postérieure plus courte et un peu plus renflée. Queue conique assez aiguë. Anus à un millimètre et demi de la pointe de la queue. Deux ovaires, l'un antérieur prenant naissance un peu au-dessous de l'œsophage et descendant, un peu flexueux, jusque vers le milieu du corps où il se renfle en un utérus particulier ; celui-ci se rétrécissant bientôt en un oviducte particulier qui ne tarde pas à se réunir à celui de l'ovaire postérieur. L'autre ovaire, postérieur par rapport au premier, naissant à une certaine distance au-dessous de l'origine de l'antérieur, descendant, un peu flexueux, à une petite distance de la queue, où il se recourbe, remonte un peu, et se renfle en un utérus particulier ; celui-ci donnant bientôt naissance à un oviducte particulier qui se réunit à celui de l'ovaire antérieur pour constituer une sorte d'oviducte commun très-court, lequel s'ouvre aussitôt dans la vulve située à 4 ou 6 millimètres et demi en avant de la queue et à 13 ou 14 millimètres de la bouche. Œufs ovoïdes elliptiques, longs de $0^{mm},20$, larges de $0^{mm},10$.

J'ai trouvé, une seule fois, un petit nombre de ces vers dans la partie antérieure de l'intestin grêle d'un agneau. M. Diesing n'admet pas que ce soit le même que le *Strongylus contortus* (Rud.)

Strongle contourné. *Strongylus contortus* (Rud.). — *Strongylus ovinus* (Fabricius). — « Corps filiforme effilé aux deux extrémités, plus aminci an-
« térieurement. Tête pourvue de deux ailes semi-elliptiques. Limbe de la
« bouche pourvue de trois papilles petites. Longueur du *mâle* 18 à 20 mil-
« limètres. Bourse bilobée, chaque lobe avec huit (?) rayons divergents.
« Gaîne du pénis très-longue. Longueur de la *femelle* jusqu'à 10 centi-
« mètres » (Davaine). « Vulve s'ouvrant à une petite distance de l'extrémité
« caudale. » (P. Gervais et Van Bénéden.)

communiquent avec les bronches ; que les embryons se dégagent peu à peu des cadavres de leurs mères, vivent plus ou moins longtemps dans les tumeurs sans s'accroître d'une manière sensible, et pénètrent successivement dans les bronches où ils acquièrent leur complet développement et deviennent adultes. Il suffirait donc d'après cela que quelques strongles des espèces ovovivipares s'introduisissent chez un veau, un agneau ou un jeune porc, pour que bientôt tout l'arbre bronchique fût rempli de ces parasites. M. Colin remarque d'ailleurs que le mouton se débarrasse difficilement des strongles filaires dès que son appareil respiratoire en est une fois envahi, tandis que le veau, au contraire, au fur et à mesure qu'il avance en âge, semble offrir de moins en moins au *strongylus micrurus* (Mehl.) les conditions indispensables pour assurer sa conservation et la multiplication de son espèce au sein de l'économie.

« Nous avons trouvé ce strongle dans la caillette et les intes-
« tins d'un *antilope dorcas,* mort en ménagerie. Il y avait des
« mâles et des femelles. Ces dernières se distinguent surtout par
« la manière dont leur ovaire tout blanc s'entortille régulière-
« ment et de distance en distance autour du tube digestif qui est
« tout noir. C'est ce dernier caractère qui a valu à l'espèce le
« nom de strongle contourné, lequel est parfaitement justifié.
« La tête du ver est rouge; le commencement du tube digestif
« a une teinte verdâtre. Cet helminthe a été observé dans l'es-
« tomac du mouton, du mouflon, de la gazelle, du chamois.
« C'est Fabricius qui l'a trouvé le premier en Danemark. » (Paul
Gervais et van Bénéden.)

J'en ai recueilli une seule fois quelques individus dans le duodénum d'un agneau, mais ils se sont altérés si promptement
qu'il m'a été impossible de les étudier. Il est de toute évidence
que les caractères attribués au *strongylus contortus* (Rud.) ne
sauraient convenir au *strongylus filicollis* (Rud.) que nous avons
décrit plus haut, et que, par conséquent, ces deux nématoïdes
constituent bien deux espèces distinctes.

Strongle radié. *Strongylus radiatus* (Rud.). — « Tête non ailée. Bouche
« nue. — *Mâle* long de 12 millimètres. Bourse bilobée, lobes multiradiés.
« — *Femelle* longue de 14 à 20 millimètres, vulve près de la queue. »

« Vivant dans l'intestin grêle et dans le côlon du bœuf et de
« plusieurs autres ruminants (Davaine). »

MM. van Bénéden et P. Gervais attribuent au mâle une longueur de 25 millim. et à la femelle une longueur de 34 millim.

Strongle veineux. *Strongylus venulosus* (Rud.). — Tête non ailée,
« limbe de la bouche nu. Bourse du *mâle* bilobée, multiradiée. – *Femelle*
« longue de 27 millimètres. »

« Vivant dans l'intestin de la chèvre. » (Davaine.)

Les helminthologistes éprouvent beaucoup de difficulté à distinguer les espèces que Rudolphi a désignées sous les noms de
strongylus radiatus et *strongylus venulosus.* C'est là ce qui a
porté Dujardin à les réunir; de nouvelles études sont nécessaires
pour vider la question

Strongle du porc. *Strongylus elongatus* (Duj.).—*Strongylus suis* (Rud.).
— *Strongylus paradoxus* (Melhis). — Corps cylindroïde, blanc ou brunâtre. Tête effilée, non ailée, conique. Bouche petite, circulaire terminale.
Œsophage un peu renflé en massue postérieurement, court, n'ayant pas
plus de $0^{mm},84$ en longueur. Intestin un peu plus long que le corps, un

peu sinueux. — *Mâle* long de 16 millimètres (25 millimètres, P. Gervais e
Van Bénéden), plus grêle que la femelle, ayant à la queue une bourse à deux
lobes soutenus par des côtes. Deux longs spicules très-grêles, ayant en longueur jusqu'à 2^{mm},75. — *Femelle* longue de 20 à 25 millimètres (32 à 35
millimètres ; Davaine, 40 millimètres, Paul Gervais et Van Bénéden), ayant la
queue terminée en un mucron crochu, ce mucron ayant lui-même à la base
une bosse hémisphérique. Deux ovaires très-repliés dans l'intérieur du corps,
se réunissant pour s'ouvrir dans la vulve située à 12 ou 14 millimètres de la
queue et à 8 ou 10 millimètres de la bouche. Œufs la plupart elliptiques,
quelques-uns un peu renflés au milieu, longs de 0^{mm},057 à 0^{mm},077, larges
dé 0^{mm},039 à 0^{mm},064, à enveloppes très-transparentes contenant un embryon replié plusieurs fois. Œufs éclosant dans le corps de la mère. Embryons libres longs de 0^{mm},28 à 0^{mm},32.

Ce ver a été trouvé dans la trachée et les bronches du cochon
et du sanglier, par Ebel Modeer, Mehlis, Bremser, Rayer, Chaus-
sat, Dujardin, Belhingham. Il est probable que c'est la même
espèce signalée par Rudolphi comme douteuse, sous le nom de
strongylus suis. Je l'ai rencontré une seule fois à Toulouse,
en 1859, dans les bronches d'un porc. Il est rare qu'il détermine
des accidents. Deguillème a cependant vu un porc de trois mois
périr asphyxié par des vers de cette espèce, accumulés en grande
partie dans les bronches.

Strongle des vaisseaux et du cœur du chien. *Strongylus vasorum* (Nobis).
— Corps cylindroïde, filiforme un peu atténué aux extrémités, blanchâtre
ou rosé, marqué chez quelques-uns d'une sorte de spirale rougeâtre souvent
interrompue et qui dessine à travers les téguments le tube digestif. Tête
bordée sur les côtés de deux replis membraneux transparents (se formant
peut-être après la mort par un effet d'endosmose) qui se rejoignent en avant
et constituent une sorte de bordure étroite plus ou moins profondément
émarginée. Tégument sans stries transversales, pourvu de lignes longitudinales très-espacées. Bouche petite, circulaire, nue, entièrement terminale.
Œsophage court à peine plus large à sa terminaison qu'à son origine.
Intestin plus renflé que l'œsophage, sinué et comme tressé avec le tube du
testicule ou les tubes des ovaires. Anus non terminal. — *Mâle* long de 14
à 15 millimètres. Queue contournée, obtuse, terminée par une aile membraneuse, transparente, courte, obtuse à deux lobes ; chacun de ceux-ci
soutenu par quatre côtes, la côte extérieure bifide, la seconde simple, la
troisième bifide, et la dernière courte et simple. Testicule naissant un peu
au-dessous de l'œsophage, d'abord grêle, se renflant rapidement, et descendant sinueux jusqu'à la queue où on le voit ayant appuyés sur ses côtés
deux spicules très-grêles, égaux et longs chacun de 0^{mm},36 à 0^{mm},40. —
Femelle longue de 18 à 21 millimètres. Queue obtuse, peu contournée.
Deux ovaires naissant au-dessous de l'œsophage et descendant à peu près
parallèlement l'un à l'autre en se contournant autour de l'intestin, formant

sur leur trajet chacun une sorte d'utérus renflé ; les deux utérus renflés se réunissant en un utérus commun qui se termine lui-même par un oviducte étroit, court, aboutissant à la vulve située à $0^{mm},30$ ou $0^{mm},32$ en avant de la pointe de la queue. Œufs allongés, obtus à chaque bout, pourvus d'une enveloppe très-transparente, longs de $0^{mm},07$ à $0^{mm},08$, larges de $0^{mm},04$ à $0^{mm},05$.

A quatre reprises différentes, M. Serres nous a rémis quelques-uns de ces vers qu'il avait tirés du cœur ou des vaisseaux pulmonaires du chien. Dans un travail que nous avons publié en 1862, nous avons démontré qu'on ne saurait le confondre, comme nous l'avions fait nous-même en 1854, avec le *dochmius trigonocephalus* (Duj.), qui, ainsi que nous l'avons dit plus haut, vit dans l'intestin du chien. Nous avons émis alors, avec doute, l'opinion que le ver des vaisseaux et du cœur du chien pourrait bien n'être pas autre chose que le *strongylus trigonocephalus* (Rud.) que Dujardin confond avec l'entozoaire qui vit dans l'intestin du même carnassier. Nous avons reçu, depuis lors, de M. le docteur Cornaz, de Neufchâtel (Suisse), une communication qui ne nous permet plus de considérer notre strongle des vaisseaux et du cœur comme le *strongylus trigonocephalus* (Rud.) On verra, en effet, par la description que nous donnons plus bas de ce dernier helminthe, qu'il y a entre ces deux strongles des différences assez notables. Celui des vaisseaux serait alors une espèce nouvelle. Toutefois, c'est avec beaucoup d'hésitation que nous nous hasardons à lui donner un nom spécifique, car il nous a été impossible de consulter des travaux très-récents des helminthologistes allemands, dans lesquels il pourrait se faire que cet helminthe fût décrit.

Strongle trigonocéphale. *Strongylus trigonocephalus* (Rud.). — *Non dochmius trigonocephalus* (Duj.). — « Ver long de 9 à 27 millimètres « (4 à 12 lignes). Tête petite à bouche triangulaire. Œsophage et estomac « courts, ce dernier large et séparé par un rétrécissement de l'intestin en-« roulé. Anus au-devant de l'extrémité caudale. Bourse caudale du *mâle* « presque globuleuse à deux lobes inégaux et à plusieurs côtes, pénis « simple, passablement long. Vulve située à la partie antérieure du tronc, « utérus à deux cornes. Œufs presque globuleux. » (Cornaz. in litter.)

Gurlt indique ce ver dans l'estomac, dans l'intestin grêle, dans les glandes intestinales et dans le cœur du chien. M. Cornaz pense que la dernière de ces indications est une erreur, résultant de ce que le célèbre professeur allemand a confondu à tort le ver que nous avons décrit ci-dessus, avec le véritable strongylus trigonocephalus de Rudolphi.

On rapporte encore au genre strongle quelques espèces qui nous intéressent assez peu, pour que nous nous contentions de les citer, ce sont :

Le *strongylus retortæformis* (Zéder), qui habite l'intestin du lièvre et du lapin.

Le *strongylus strigosus* (Duj.) du cœcum et du gros intestin du lapin.

Le *strongylus nodularis* (Rud.), qui habite le gesier, l'intestin et même l'œsophage de l'oie.

Le *strongylus tubifex* (Nitzsch.), que l'on observe chez un très-grand nombre d'oiseaux aquatiques, et en particulier chez le canard domestique, *anas boschas* (L.) Il habite le tube digestif ou des tubercules de l'œsophage. M. Diesing le place dans son genre Eustrongylus.

E. TRIBU DES TRICHOSOMIENS. — Corps très-allongé formé de deux parties distinctes, l'une antérieure grêle, l'autre postérieure plus ou moins renflée. Bouche très-petite. Une sorte de bulbe pharyngien musculeux. Point de ventricule (?). Anus presque terminal. Spicule simple, vaginé. Ovaire simple. Œufs prolongés en un double goulot.

GENRE TRICHOCEPHALE. *Trichocephalus* (Gœze). — Corps allongé ayant la partie antérieure très-longue, filiforme et même capillaire, contenant seulement l'œsophage et la portion la plus grêle de l'intestin ; l'autre partie ou la postérieure subitement renflée, assez épaisse, contenant la partie terminale de l'intestin qui est assez ondulée et les organes de la génération. Bulbe pharyngien de forme ovoïde, allongé. La partie postérieure du corps enroulée chez les *mâles* et munie à l'extrémité d'un spicule simple entouré par une gaîne vésiculeuse. Corps un peu arqué chez les *femelles*, mais à queue non enroulée. — Ovaire simple avec la vulve située à l'origine de la partie renflée du corps.

Les œufs des trichocéphales peuvent demeurer très-long-temps sans éclore, après qu'ils ont été expulsés de l'intestin des mammifères. M. Davaine en a conservé qui provenaient du tri-chocephalus dispar de l'homme pendant plus de sept mois et demi, et ce n'a été qu'après ce temps que leur vitellus a commencé à se segmenter. Les embryons qui n'ont été bien formés que deux mois plus tard étaient cylindroïdes, amincis en avant, et longs de $0^{mm},10$. Nous avons nous-même conservé pendant quatre mois des œufs du *trichocephalus affinis* (Rud.) des ruminants, sans qu'il nous ait été possible de voir aucune modification se pro-duire dans leur vitellus. Trois espèces de ce genre ont été signa-lées comme parasites de nos animaux domestiques.

Trichocéphale des ruminants. *Trichocephale voisin.* — *Trichocephalus affinis* (Rud.). — Tête large de $0^{mm},019$ à $0^{mm},022$ et même $0^{mm},039$ avec deux renflements transparents, vésiculeux en forme d'ailes. Tégument pourvu d'une large bande papilleuse sur les bords de laquelle sont des papilles plus fortes susceptibles de se gonfler par endosmose. Œsophage occupant toute la longueur de la partie grêle du corps et se terminant par un étranglement marqué au point où commence la partie élargie. Intestin très-grêle commençant par un petit renflement en forme de pomme d'arrosoir et se dirigeant sans sinuosités jusqu'à l'anus situé chez la femelle au-dessous de l'origine de l'ovaire, et chez le mâle au point même où se trouve l'ouverture par laquelle sort le spicule. Stries transverses du tégument écartées de $0^{mm},0034$ à $0^{mm},009$. — *Mâle* long de 60 à 80 millimètres, à partie antérieure, longue de 45 à 53 millimètres, large de $0^{mm},19$, et à partie postérieure longue de 15 à 27 millimètres, large de $0^{mm},78$. Testicule naissant presque à l'extrémité postérieure du corps, remontant d'abord en ligne droite, puis en décrivant des sinuosités très-marquées, jusqu'au point où le corps s'élargit brusquement, redescendant ensuite en ligne droite et avec un plus fort diamètre jusqu'au niveau de sa propre origine, point où on le voit aboutir à la gaîne du spicule. Spicule pointu, long de 5 à 6 millimètres et même plus, large de $0^{mm},025$, bordé d'une membrane transparente qui l'élargit jusqu'à lui donner $0^{mm},038$, offrant à son extrémité la plus profonde un évasement en forme de pavillon de trompette, renfermé ordinairement dans une longue gaîne à parois transparentes, dont la partie terminale hérissée de petites épines triangulaires couchées en arrière, est entraînée par le spicule lorsque celui-ci est porté au dehors, et forme comme un renflement vésiculeux, transparent, hérissé lui-même d'écailles triangulaires aiguës. — *Femelle* longue de 60 à 70 millimètres, à partie antérieure longue de 42 à 49 millimètres, et à partie postérieure longue de 18 à 21 millimètres, large de $0^{mm},94$. Queue obtuse. Ovaire naissant tout à fait à l'extrémité postérieure du corps, remontant légèrement sinueux presque jusqu'au point où le corps s'élargit, redescendant plus grêle et plus sinueux jusqu'au niveau de son origine, puis remontant par un tube droit d'un assez fort diamètre qui après avoir fait en haut quelques sinuosités, vient enfin s'ouvrir dans la vulve située au point où le corps s'élargit brusquement. Œufs elliptiques terminés par deux boutons diaphanes qui sont comme surajoutés, longs de $0^{mm},077$ dans leur totalité, et de $0^{mm},065$, si l'on n'y comprend pas les deux boutons diaphanes.

Les trichocéphales voisins sont assez communs dans le gros intestin du bœuf, de la chèvre, et surtout du mouton. En général, ils sont fixés assez solidement par la bouche à la membrane muqueuse.

Trichocéphale du porc. *Trichocephalus crenatus* (Rud.). — *Trichocephalus dispar* (Creplin). — Tête large de $0^{mm},02$, rétractile. Œsophage aussi large que la tête, flexueux dans sa partie antérieure, toruleux un peu plus loin. Tégument pourvu d'une bande longitudinale hérissée de petites papilles. Stries écartées de $0^{mm},0023$. — *Mâle* blanc long de 37 millimètres, à partie antérieure très-mince longue de 22 millimètres, à partie postérieure longue de 15 millimètres, large de $0^{mm},5$, enroulée en spirale. Spicule long de 3^{mm},35, large de 0^{mm},042 à la base et de 0^{mm},025 vers l'extrémité. Gaîne cylindrique, plus ou moins dilatée en entonnoir, ou renflée et vésiculeuse à l'extrémité qui est large de 0^{mm},05 à 0^{mm},07 et hérissée de petites pointes. — *Femelle* brunâtre en arrière, longue de 34 à 50 millimètres, à partie antérieure longue de 22 à 33 millimètres, à partie postérieure longue de 12 à 17 millimètres, à queue en pointe mousse. Œufs brunâtres, longs de 0^{mm},052 à 0^{mm},056.

Rudolphi distingue le trichocéphale de l'homme de celui du porc auquel il donne le nom de *trichocephalus crenatus*. M. Créplin a démontré que ces deux espèces n'en forment en réalité qu'une seule, et il a appelé celle du porc *trichocephalus dispar* comme celle de l'homme. Cet helminthe habite le gros intestin du cochon.

Trichocéphale du chien. *Trichocephalus depressiusculus* (Rud.). — Corps long chez le mâle comme chez la femelle de 45 à 75 millimètres, à partie filiforme antérieure égalant environ les trois quarts de la longueur totale. Tégument plissé ou ridé et marqué de stries transversales qui sont écartées de 0^{mm},004 à 0^{mm},006. Bouche très-petite, tout à fait terminale, œsophage très-long, occupant toute la partie grêle du corps. Intestin s'étendant directement chez la femelle jusqu'à l'anus qui est terminal, sans se recourber autrement que pour suivre la courbure du corps; se confondant chez le mâle avec le canal efférent un peu avant le point où celui-ci débouche dans la gaîne du spicule. — *Mâle* pourvu d'un seul testicule qui prend naissance très-près de l'extrémité postérieure par un tube à cul-de-sac dirigé en arrière et à diamètre déjà assez gros à son origine, ce tube remontant ensuite jusque vers le point où le corps commence à se renfler, se recourbant et donnant naissance alors à un tube descendant qui, après s'être rétréci brusquement, se renfle de nouveau en un canal efférent qui se confond avec l'intestin et forme avec lui comme une sorte de cloaque; celui-ci d'abord renflé s'amincissant bientôt en une espèce de conduit qui vient s'ouvrir dans la gaîne du spicule sur le côté, un peu au-dessous du point où cette gaîne prend son origine. Spicule offrant une longueur énorme de 9 à 11 millimètres, rétractile à l'intérieur dans une longue gaîne qui vient s'ouvrir tout à fait à la partie postérieure du corps, et qui est pourvue antérieurement d'une longue bandelette musculaire s'attachant en avant et destinée à mouvoir le spicule. Celui-ci faisant souvent saillie en dehors du corps, et revêtu alors dans la plus grande partie de son étendue d'une gaîne tubuleuse, transparente, indépendante de celle que l'on voit à l'intérieur, et recouverte dans la moitié environ de son étendue du côté du corps, par de nombreuses écailles infiniment petites. Tout l'appareil génital est droit ou n'offre d'autre courbure que celle qui lui est nécessaire pour se prêter à la courbure du corps dans la partie postérieure. — *Femelle* n'ayant qu'un seul ovaire, celui-ci naissant très-près de l'anus, et commençant par un tube d'un assez fort diamètre qui monte directement sans sinuosités jusqu'au point où le corps commence à se renfler, se recourbe et se continue en descendant par un tube plus grêle, d'abord droit, puis un peu sinueux postérieurement, se recourbe de noqveau à une petite distance de l'origine de l'ovaire, et pénètre dans un large utérus, celui-ci s'amincissant en un oviducte qui vient se terminer dans la vulve dont l'ouverture indiquée par un léger bourrelet est située au point de jonction de la partie élargie et de la partie grêle du corps. Utérus et oviducte droits. Œufs elliptiques portant à chaque extrémité comme un bouton surajouté, longs de 0^{mm},083, larges de 0^{mm},035.

Ce ver a été signalé dans le cæcum du renard et dans celui du chien où il paraît être très-rare. J'en ai trouvé une seule fois, chez ce dernier animal, quelques individus d'après lesquels j'ai fait la description qui précède, différente en quelques points de celle donnée par Dujardin. Il serait possible, d'après cela, que le trichocéphale du renard et celui du chien ne fussent pas de la même espèce.

On signale dans le gros intestin du lièvre et du lapin sauvage, le *trichocephalus unguiculatus* (Rud.) Mais, jusqu'à présent, on ne l'a point trouvé chez le lapin domestique.

GENRE CALODIUM (Duj.). — Corps filiforme très-mince, très-allongé, composé de deux parties dont l'antérieure est filiforme très-mince, et dont la postérieure grossit progressivement. Organe copulateur du mâle formé d'un spicule corné très-long, et d'une gaîne membraneuse très-longue retractile, plissée transversalement. Vulve située à la jonction des deux parties du corps.

Calodium du chien. *Calodium plica* (Duj.). — « *Trichosoma plica* « (Rud.). — Corps filiforme très-mince. Tête large de 0^{mm},0083. Tégument « à stries transversales fines, écartées de 0^{mm},0025. — *Mâle* long de 13 « millimètres. Partie antérieure longue de 6 millimètres, partie postérieure « longue de 7 millimètres, large de 0^{mm},018, un peu plus mince en arrière. « Queue terminée par un appendice membraneux en pointe. Spicule long « de 4^{mm}, large de 0^{mm},0083, tronqué à l'extrémité. Gaîne également très- « longue (repliée à l'intérieur), plissée transversalement et obliquement, « large de 0^{mm},021. — *Femelle* longue de 30 à 36 millimètres (Rayer). « Partie antérieure formant les deux tiers de la longueur totale (Rayer). « Partie postérieure large de 0^{mm},065. Queue obtuse. Œufs longs de « 0^{mm},060, larges de 0^{mm},030, à larges goulots. » (Dujardin.)

Cet helminthe a été recueilli dans la vessie du chien par M. Belhingham, en Irlande. Il est excessivement rare chez le chien domestique, il paraît exister plus souvent chez le renard.

Nous signalerons encore parmi les trichosomiens :

Le *calodium tenue* (Duj.), qui habite le gros intestin du pigeon.

Le *trichosoma brevicolle* (Rud.), que l'on trouve dans le cæcum des oies et des canards.

Et le *trichosoma longicolle* (Rud.), qui existe dans l'intestin des gallinacés.

NÉMATOIDES NON CLASSÉS. — La tribu des trichosomiens termine la famille des nématoïdes vrais. Il nous reste cependant à signaler encore quelques espèces qui appartiennent évidemment à cette famille et qui cependant n'ont pu trouver place dans les cinq tribus que nous avons admises. C'est qu'il existe en effet des vers qui ne sont point encore suffisamment bien caractérisés pour qu'on puisse les classer. Tels sont ceux par exemple qui ont été trouvés, par hasard, par des observateurs qui, n'étant point point helminthologistes, les ont signalés sans les décrire. Tels sont encore ceux qui ont été vus alors qu'ils n'étaient point complétement développés. Nous indiquerons rapidement ceux de ces helminthes qui sont intéressants au double point de vue de la pathologie et de l'hygiène des animaux domestiques, afin d'appeler sur eux l'attention des vétérinaires dont les observations et les recherches peuvent, dans bien des cas, être si utiles au progrès de l'helminthologie.

M. Diesing a nommé *cheiracanthus robustus* un helminthe trouvé à Vienne, engagé dans les membranes de l'estomac d'un chat sauvage (*felis catus*) qui, ainsi qu'on le sait, est de même espèce que notre chat domestique. Ce ver à corps cylindrique, long de 11 à 13 millimètres, à queue roulée en spirale chez le mâle, pourvu d'un seul spicule, est surtout remarquable par sa tête globuleuse hérissée d'épines courtes, simples, et par son tégument couvert, dans la partie antérieure du corps seulement, de petites épines palmées à quatre, à trois, à deux dents, et quelquefois même à une seule dent. Il a été vu également dans l'estomac d'autres animaux du genre *felis*.

Trichina spiralis. — M. R. Owen a décrit le premier, en 1835, sous le nom de *trichina spiralis*, un petit ver nématoïde qui se développe quelquefois en quantité considérable dans le tissu musculaire de l'homme, et qui depuis a été trouvé dans les muscles d'un grand nombre de vertébrés différents, parmi lesquels on a signalé le cochon, le lapin, le rat, la souris, le cobaye, le chien, le chat, le cheval et les animaux de boucherie. Dans l'état où on les a d'abord étudiés, les nématoïdes de cette espèce sont enfermés dans des kystes un peu plus longs que larges, situés au milieu des muscles, dans une position telle que leur grand axe correspond à la direction de la fibre musculaire. Ils sont ordinairement enroulés en spirale et décrivent dans leurs kystes deux ou trois tours plus ou moins complets. Ils sont longs de $0^{mm},90$ à 1 millimètre tout au plus, et larges de $0^{mm},02$ à $0^{mm},05$. Leur partie antérieure, qui porte une bouche terminale très-petite, est mince et effilée. Leur corps se renfle ensuite insensiblement, et sa partie postérieure est obtuse. Le tube digestif est droit et pourvu d'un anus terminal. D'après M. Ordonnez, on peut déjà voir chez ces animaux des rudiments d'organes génitaux qui permettent de distinguer les sexes. Le mâle porte à la partie postérieure un spicule grêle, la femelle offre à l'intérieur un ovaire granuleux auprès duquel se trouve la vulve, située un peu en arrière du milieu du corps.

Les kystes dans lesquels sont renfermés les *trichina spiralis* sont ovoïdes ou elliptiques, longs de $0^{mm},30$ à $0^{mm},35$, à parois transparentes lorsqu'ils sont formés depuis peu de temps, et à parois épaissies et encroûtées de sels calcaires, lorsqu'ils sont plus anciens. Ils sont placés au milieu des fibres musculaires dont ils déterminent l'écartement, et trop souvent même l'atrophie. Parfois ils offrent vers leurs pôles deux prolongements surajoutés qui leur donnent une forme rappelant celle des œufs des trichocéphales. Presque toujours ils sont environnés de cellules adipeuses. On ne trouve ces kystes que dans les muscles à fibres striées, c'est-à-dire dans ceux dont les contractions sont soumises à l'empire de la volonté, et c'est surtout vers les points d'insertion et au voisinage des tendons qu'on les rencontre en abondance. Chaque kyste n'emprisonne ordinairement qu'un seul parasite. Cependant il n'est pas absolument rare d'en voir qui contiennent deux vers ensemble, et M. Zundel en a même observé qui renfermaient jusqu'à quatre trichines.

A l'époque où l'on a découvert les premiers *trichina spiralis*, on les a cités comme offrant un exemple de génération spontanée dans la classe des helminthes. Mais les travaux récents de MM. Herbst, Virchow, Leuckart, Zenker, Kestner, Fuschs, Pagenstecher, etc., n'ont pas tardé à démontrer que ces nématoïdes sont destinés à devenir adultes dans l'intestin d'un animal à sang chaud, carnassier ou omnivore, lorsque celui-ci se nourrit de la chair musculaire au sein de laquelle ils sont enkystés. On a pu se convaincre, en effet, qu'aussitôt qu'ils sont portés dans l'estomac, ils se dégagent de leurs kystes et de la fibre musculaire, et se répandent dans le duodénum et dans les autres régions de l'intestin grêle. Là ils grandissent, acquièrent des organes génitaux, et déjà dès le deuxième, le troisième ou le quatrième jour, on voit des œufs dans les utérus des femelles et du sperme dans les testicules des mâles. Lorsqu'ils ont atteint leur complet développement, les *trichina spiralis* de l'intestin prése tent des caractères bien tranchés qui ont été décrits avec une rigoureuse exactitude par M. Davaine.

« La trichine à l'état adulte, dit cet éminent helminthologiste, est un ver « cylindrique, à peine visible à l'œil nu ; son corps, à partir du milieu de sa « longueur environ, s'amincit graduellement en avant. L'extrémité anté- « rieure très-atténuée offre une bouche ronde, inerme, peu distincte ; l'ex- « trémité postérieure tronquée, obtuse, arrondie, offre un anus terminal. « Les téguments, la couche musculaire sous-jacente n'ont rien de particulier. « L'intestin est droit, il se divise en trois parties : une première, membra- « neuse, mince, élargie d'avant en arrière (?) constitue l'œsophage et l'es- « tomac qui ne sont point distincts l'un de l'autre ; une seconde, à parois « épaisses et formées par des cellules très-apparentes, remplit toute la capa- « cité de la région du corps qu'elle occupe ; elle correspond à l'intestin « grêle, et les cellules apparentes à l'extérieur constituent sans doute le « foie ; la troisième portion, beaucoup plus longue, plus grêle, est renflée « à son origine et un peu en avant de sa terminaison à l'anus ; elle a des « parois musculeuses et correspond au rectum.

« Le *mâle* est long de $1^{mm},50$ en moyenne, épais de $0^{mm},04$; sous le « rapport de la forme, il ne diffère de la femelle que par l'extrémité posté- « rieure seulement ; cette extrémité offre deux appendices digités, situés « latéralement et entre lesquels peut saillir le pénis. Celui-ci est formé de « deux (?) pièces membraneuses, courtes, réunies en V (je n'ai pu les isoler « ni par la dissection, ni par les réactifs). Le tube génital, simple comme « chez tous les nématoïdes, offre une vésicule séminale en massue et un « canal déférent très-long.

« La *femelle* est longue de 3 à 4 millimètres, épaisse de $0^{mm},06$. La vulve « est située vers la fin du premier cinquième de la longueur du corps ; on « reconnaît, à travers les téguments, des ovules à divers degrés de dévelop- « pement qui ont, à la maturité, $0^{mm},02$ de diamètre ; leur coque est d'une « minceur extrême ; il s'y forme un embryon qui éclôt dans le vagin.

« L'embryon est long de $0^{mm},12$ environ, épais de $0^{mm},007$ dans sa partie « moyenne et de $0^{mm},003$ près de la bouche (mesure prise à $0^{mm},004$ de « l'extrémité) ; il grossit régulièrement d'avant en arrière. »

Les *trichina spiralis* sont ovovivipares, et leurs femelles très-fécondes peuvent donner naissance chacune à plus de trois cents embryons. M. Leuckart pense même qu'il faut porter ce nombre jusqu'à mille. Six ou huit jours après celui où les kystes ont été introduits dans l'intestin, les œufs commencent à éclore dans les organes génitaux des femelles, et bientôt les embryons, qui ressemblent à de petites filaires, sont mis en liberté. Aussitôt après leur naissance, les jeunes entozoaires, dont l'extrémité an-

térieure n'a pas plus de $0^m,003$ d'épaisseur, se mettent à l'œuvre pour traverser les tuniques intestinales et pour se rendre dans les muscles à fibres striées. S'ils sont nés dans l'intestin d'un animal dont l'organisme se prête facilement à cette migration, ils ne tardent pas à se répandre dans le péritoine d'abord, et bientôt après dans les muscles, particulièrement dans ceux qui avoisinent la cavité abdominale. Mais ils ne s'enkystent pas immédiatement ; ils cheminent, au contraire, pendant un certain temps, et ne s'arrêtent très-souvent qu'au moment où ils rencontrent des intersections tendineuses ou des tendons qui offrent, à leurs efforts, des obstacles insurmontables. Aussi rencontre-t-on plus tard leurs kystes rassemblés en plus grand nombre dans ces points que partout ailleurs. En même temps qu'ils voyagent au milieu des tissus, les *trichina spiralis* s'accroissent, et cinq ou six semaines après le jour de l'ingestion de leurs ascendants dans le tube digestif, ils ont la forme et les dimensions que nous avons indiquées plus haut. Si alors ils sont pris avec la chair musculaire et portés dans l'estomac d'un animal à sang chaud, leur développement se continue, et ils deviennent des trichines intestinales adultes, en état de se reproduire sans avoir eu à passer par la période d'enkystement. Mais, si l'animal qui les héberge ne succombe pas avant qu'ils aient acquis tout le développement qu'ils doivent prendre dans les muscles, ils ne peuvent continuer à vivre qu'à la condition de s'enkyster. « Les petites tri-
« chines pénètrent alors et progressent plus ou moins dans
« l'intérieur des fibres primitives des muscles, ainsi que l'ont re-
« connu MM. Virchow et Leuckart. Derrière elles, le sarcolemme
« apparaît comme une fibre creuse, puis il se renfle au point
« où le ver s'est arrêté en une cavité ovoïde. La paroi de cette
« cavité s'organise d'une manière particulière et forme un kyste
« qui devient apparent vers la cinquième semaine (Virchow).
« Alors on reconnaît à ce kyste une paroi extérieure formée évi-
« demment par le sarcolemme, une paroi interne revêtue de
« cellules de 1 à 2 centièmes de millim. de diamètre, à con-
« tour mal défini, mais avec un noyau et un nucléole très-dis-
« tincts.... Dans les premières semaines de la formation des
« kystes, la paroi externe est très-distincte de l'interne, elle se
« prolonge, par un pôle ou par les deux, en une fibre que l'on
« peut suivre quelquefois assez loin parmi les fibres musculaires
« restées intactes ; la paroi interne, fermée aux deux pôles, a
« toute l'apparence d'une coque ovoïde. Avec le temps la tu-
« nique externe devient de moins en moins distincte, tandis que

« l'interne acquiert plus d'épaisseur ; enfin après plusieurs mois,
« les deux pôles sont embrassés par les amas bien connus de
« vésicules graisseuses. » (Davaine.)

Les trichines enkystées peuvent attendre fort longtemps
qu'une circonstance favorable détermine leur transport dans le
tube digestif d'un autre sujet. M. Davaine les a trouvées vivantes
dans leurs kystes, six mois après l'ingestion de la viande trichinisée ; M. Herbts, dans ses expériences, a vu des trichines vivantes chez un chien qui avait mangé un an auparavant de la
chair infectée. Enfin on assure que quelques-uns de ces parasites vivaient encore dans les muscles d'un homme dix ans après
l'époque à laquelle on pouvait, d'après des commémoratifs plus
ou moins certains, faire remonter le moment de leur introduction dans l'économie. Ce n'est pas là cependant le cas le plus
ordinaire, car, après un certain temps que l'expérience n'a pas
encore permis de fixer rigoureusement, ils finissent par mourir,
et ils subissent avec leurs kystes une transformation à la suite de
laquelle ils s'imprègnent de matière calcaire, et prennent l'aspect et la consistance de petits tubercules crétacés.

Les particularités que nous venons de rapporter, mises en
lumière surtout par les beaux travaux de Virchow et de Leuckart,
font voir que, dans bien des cas au moins, il faut qu'un animal
se nourrisse de chair infectée de trichines pour avoir, à son tour,
son système musculaire envahi par ces dangereux parasites.
Cependant il n'est pas impossible que ces derniers puissent
arriver autrement qu'avec la viande dans le tube digestif, pour y
disséminer leurs embryons. Chez presque tous les animaux à
sang chaud sur lesquels on a fait jusqu'à ce jour des expériences,
l'organisme se prête au développement des trichines dans l'intestin ; mais il est des individus dans chaque espèce, et peut-être
même des espèces tout entières, qui opposent une vive résistance
à la migration active des jeunes vers lorsqu'ils ont à se rendre
au sein des muscles M. Leuckart a constaté, par exemple, que
chez les chiens adultes qu'on nourrit de chair trichinisée, les
parasites atteignent leur maturité sexuelle dans l'intestin, mais
que les jeunes vers ne traversent pas ordinairement les parois
intestinales, et qu'ils sont rejetés en dehors tout vivants avec les
matières fécales. Ceci semble même arriver aussi à une partie
des trichines qui naissent dans le tube digestif des animaux qui
se prêtent le mieux à leurs migrations. Il est donc permis de
présumer d'après cela que, dans quelques cas au moins, les
trichina spiralis ne pénètrent pas avec la chair musculaire dans

l'économie, et que leurs embryons peuvent être portés dans le tube digestif après avoir vécu pendant plus ou moins de temps dans les matières fécales que certains animaux ne dédaignent pas de manger. On comprend même qu'ils puissent arriver dans l'estomac avec l'eau des boissons, après avoir été entraînés par les pluies dans les mares, dans les cours d'eau ou dans les abreuvoirs.

Lorsque les *trichina* sont peu nombreux, ils ne déterminent aucun accident ; parfois même ils sont très-multipliés dans les muscles sans que l'animal paraisse en souffrir. Mais il n'en est pas toujours ainsi, et il leur arrive souvent de provoquer les affections les plus graves. M. Leuckart a vu plusieurs des animaux, sur lesquels il a fait des expériences, être atteints de péritonite, à la suite de la perforation des parois de l'intestin par un grand nombre d'embryons à la fois. Chez d'autres, il s'est déclaré une entérite particulière avec expulsion de produits pseudo-membraneux. Mais de toutes les affections que peuvent faire naître ces entozoaires, la plus funeste est une sorte de paralysie trop souvent mortelle, due à la désorganisation de la fibre musculaire. C'est chez l'homme, en Allemagne, que l'on a pour la première fois observé cette redoutable affection qui depuis a atteint un assez grand nombre de personnes à Magdebourg, à Neustadt, à Buckau, à Calbe, à Leipzig, à Weimar, à Plauen, etc., et qui a fait périr à Hettstaëdt, village près de Magdebourg, 31 individus sur 135 malades, et à Burg, en Saxe, 11 sur 50. Ce n'est point ici le lieu de décrire cette maladie que l'on a désignée sous le nom de *trichinose*, et dont M. Zundel et M. Boudin ont donné d'excellentes monographies dans le *Journal vétérinaire* de Lyon et dans le *Journal de médecine vétérinaire militaire*.

La chair infectée de trichines est, on le comprend, un des aliments les plus dangereux dont l'homme puisse faire usage. On se ferait difficilement une idée du nombre de ces vers qu'elle peut loger. A Plauen, dans 30 grammes de viande, on a trouvé jusqu'à 250,000 trichines ; et M. Probstmayer en a compté 468 dans 4 milligrammes et demi de chair musculaire. Malheureusement la viande des animaux infectés de trichines ne diffère pas, par son aspect, de celle des animaux sains, et jusqu'à présent on ne connaît pas d'autre moyen que l'examen microscopique pour déceler la présence de ces vers. Mais s'il est impossible, dans les circonstances ordinaires, de reconnaître la viande infectée de trichines, il est toujours facile de se préserver de toute infection en la faisant cuire convenablement. Il suffit en effet de la porter *dans toutes ses parties* à une température de + 75° centigrades ponr tuer les parasites qu'elle peut renfermer.

Les trichines, comme la plupart des helminthes, sont douées d'une vitalité extraordinaire. Elles restent vivantes dans la chair musculaire putréfiée, dans celle qu'on a plongée dans une solution d'acide chromique, dans celle qui a macéré plusieurs jours dans l'eau ordinaire, dans l'eau saturée de sel marin, de sel de nitre, d'iodure de potassium, de chromate de potasse. Un froid de — 6° ne les tue pas, et elles peuvent supporter sans périr une température de + 40, + 50 et + 60°. Quelques substances cependant les font mourir après un temps plus ou moins long. « La « benzine et l'huile de dippel les tuent au bout de trois heures. « Le chloroforme ne les tue qu'au bout de cinq heures (Mosler) « et il faut dix heures à l'alcool (Schultze). Les préparations « fortement alcalines ne sont pas supportées par les trichines, « tandis que les épices ne les dérangent pas ; si l'on fume les « chairs bien profondément et à chaud on peut tuer les trichines ; « mais cela n'arrive pas si l'on fume trop lentement ou si l'on a « recours aux moyens de conservation par l'acide phénique ou « la créozote (Virchow). L'acide picrique ne les tue que quand « il est en solution concentrée ; il en est de même du bichlorure « de mercure. » (Zundel.) Enfin, d'après M. Zundel et M. Piedler, la glycérine les tuerait en quelques minutes.

Comme nous l'avons dit en commençant, divers animaux peuvent héberger dans leurs chairs des *trichina spiralis* libres ou enkystés. Mais le porc est le seul qui, jusqu'à présent, ait été accusé de faire naître la trichinose chez l'homme. Cependant les pachydermes de cette espèce dont la chair est infectée ne sont pas très-nombreux. D'après M. Schultze, en Saxe, on n'en trouverait pas plus d'un sur 15,000 (1). Malheureusement il suffit d'un seul d'entre eux pour faire naître la maladie sur un grand nombre de personnes, ainsi qu'on l'a observé à plusieurs reprises dans différentes parties de l'Allemagne. Les porcs, qui se rattachent par leur origine aux races du type oriental, sont considérés comme plus aptes à être infectés que ceux des anciennes races de l'Europe.

Dans les expériences que l'on a faites sur des porcs avec de la viande infectée de trichines, on a vu ces animaux contracter la

(1) D'après des documents plus récents, on aurait trouvé, dans le Hanovre, 11 porcs trichinisés sur 25,000 ; dans le duché de Brunswick, 16 sur 14,000 ; et à Blakenburg, où on a observé une épidémie de trichinose, 4 sur 700.

trichinose, comme l'homme lui-même, et quelques-uns d'entre eux ont succombé. Mais on n'a point encore, jusqu'à ce jour, observé la maladie dans les conditions où elle n'a point été provoquée artificiellement. Il est incontestable cependant que les porcs, élevés suivant les méthodes ordinaires, sont quelquefois infectés de trichines. Le régime omnivore de ces mammifères qui mangent souvent des matières fécales, de la chair de divers animaux, les cadavres des taupes, des rats, des souris, des mulots, etc., chez lesquels on a plusieurs fois trouvé des *trichina spiralis*, explique assez comment les parasites peuvent envahir leur système musculaire.

Les lapins s'infectent de trichines comme le porc par l'usage de la chair où résident ces vers à l'état de larves. D'après M. Zundel, il en est de même des poules et des pigeons. Cependant MM. Fuschs et Pagenstecher ont observé que ces oiseaux se prêtent au développement de la trichine intestinale, mais que chez eux l'on ne rencontre jamais de trichines musculaires. Les palmipèdes et les oiseaux carnassiers paraissent échapper entièrement à l'infection.

Les zoologistes qui ont fait des expériences sur les chiens et sur les chats avec de la chair infectée de trichines n'ont pas tous obtenu les mêmes résultats. M. Virchow et M. Davaine ont bien vu les trichines portées dans l'intestin du chien se développer, acquérir des organes génitaux, et donner naissance à de nombreux embryons, mais ils n'ont pu réussir à faire parvenir les parasites dans le système musculaire de ce carnassier. M. Herbst, au contraire, qui le premier a démontré par des expériences que les trichines des muscles sont susceptibles de se transmettre d'un animal à un autre, a vu apparaître une innombrable quantité de ces vers filiformes dans la chair de *jeunes chiens*, auxquels il avait fait manger de la viande d'un blaireau infecté de trichines. M. Leuckart et M. Probstmayer ont réussi également à obtenir cette transmission ; cependant ils n'ont jamais observé dans leurs expériences que l'invasion d'un nombre très-limité de ces helminthes dans les muscles du chien. La plupart des animaux sur lesquels ils ont opéré ont été atteints d'entérites graves. Les mêmes accidents se sont produits sur des chats qui, lorsqu'ils n'ont pas succombé à la maladie intestinale, ont eu aussi quelques trichines dans leurs muscles.

Les ruminants et les solipèdes paraissent résister plus énergiquement encore que les chiens et les chats à l'installation des trichines dans le système musculaire. MM. Virchow, Leuckart, Mosler, ont vu les helminthes se développer dans les intestins de ces herbivores, mais ils n'ont jamais retrouvé leur progéniture dans le tissu musculaire. D'après cela, la viande fournie par les herbivores que nous venons de nommer ne serait pas en état de provoquer chez l'homme la trichinose. Cependant M. Fuschs dit avoir observé des trichines enkystées dans les muscles du cheval et des bêtes bovines. S'il était vrai, comme l'assure M. Schachl, que les trichines pussent vivre sur la betterave, le fait rapporté par M. Fuschs s'expliquerait facilement, puisque la racine dont nous parlons entre fréquemment dans la ration des herbivores domestiques. Mais M. Virchow pense qu'il y a eu confusion d'espèce, et jusqu'à nouvel ordre il est prudent de suspendre toute espèce de jugement sur ce sujet.

Le *trichina spiralis* (Owen) n'est pas commun. Il paraît surtout être très-rare en France où l'on commence à peine à l'étudier. Nous n'avons jamais eu occasion de le rencontrer à Toulouse. Nous avons vu plus haut qu'il n'en est pas malheureusement de même en Allemagne. Nous pouvons ajouter que, au rapport de MM. Delpech et Reynal, il aurait été trouvé dans un grand nombre de rats des abattoirs et des clos d'équarrissage, à Dresde par M. Leysering, à Augsbourg par M. Adam, et à Vienne par M. Roll.

Quant à la place que cet helminthe doit occuper parmi les nématoïdes, elle n'est pas encore bien déterminée. Le *trichina spiralis* ressemble beaucoup, par ses formes extérieures et surtout par l'appareil génital du mâle, à un ver de taille beaucoup plus grande qui vit dans le cœur droit, dans l'artère pulmonaire (Davaine) et dans les bronches (Dujardin) du marsoin, et dont Dujardin a fait le type d'un nouveau genre sous le nom de *pseudalius filum*. M. Davaine, en se fondant sur cette ressemblance, a proposé de faire entrer la trichine dans le genre *pseudalius* et de l'appeler *pseudalius trichina*. Jusqu'à présent l'usage a prévalu de considérer la trichine comme constituant un genre à part. C'est là ce qui nous a engagé à ne pas la classer encore dans l'une des tribus que nous avons admises dans l'ordre des nématoïdes ; mais nous devons nous hâter d'ajouter que si les idées de M. Davaine, qui nous paraissent rationnelles, étaient adoptées, il faudrait reporter ce ver à la fin de la tribu des *strongyliens*.

M. Diesing signale un *trichina affinis* qui aurait les mêmes mœurs que le *trichina spiralis*, mais qui jusqu'à présent a été peu étudié. Il paraît assez probable que ce n'est qu'une forme du *trichina spiralis* ordinaire.

On doit rapprocher du *trichina spiralis* (R. Ow.) l'*onchocerque réticulé, onchocerca reticulata* (Dies.), découvert en 1840 par le docteur Bleiweiss, de l'Institut vétérinaire de Vienne (Autriche), dans les muscles et dans l'épaisseur des parois d'une artère du cheval, et observé depuis à Berlin par M. Gurlt.

« Il a le corps filiforme et élastique, la bouche terminale, petite et orbi-
« culaire, une tête non séparée du corps. L'extrémité caudale du mâle est
« déprimée en dessous et bordée de deux lobes; le corps de la femelle est
« enroulé en spirale, aminci en arrière; le vagin s'ouvre en avant. La sur-
« face du corps est finement réticulée. Le mâle a 40 millim. de long. » —
(P. Gervais et van Bénéden.)

Nématoïde enkysté du rein du chien. — M. Vulpian a recueilli une fois dans un kyste du rein, chez le chien, un petit nématoïde dont voici la description :

« Corps long de 0^{mm},3 environ, cylindrique dans la première moitié, ré-
« gulièrement atténué d'avant en arrière dans la seconde; tête tronquée
« transversalement; bouche large très-apparente; œsophage indiqué; intes-
« tin entouré d'une substance grenue (?) ; anus; queue brusquement amin-
« cie; point d'organes génitaux externes ou internes. » (Davaine.) « Chez
« un chien qui avait servi à des études physiologiques (mai 1856), les reins
« offraient une assez grande quantité de petites tumeurs blanchâtres. La
« plupart étaient situées sous la capsule propre. J'estime leur nombre à 80
« ou 100 dans chaque rein. Ces petites tumeurs grosses, en général, comme
« des graines de chènevis, étaient formées par des tubes urinifères rem-
« plis en grande partie de graisse granulaire ou vésiculaire. On voyait de
« plus de la matière amorphe granuleuse et des glomérules de Malpighi.
« Peut-être ceux-ci étaient-ils dans la petite partie de la substance rénale
« qu'on enlevait avec les tumeurs. Dans l'une de celles-ci j'ai trouvé le ver
« ci-dessus. J'avais cru *a priori* que toutes devaient en contenir ; mais, après
« avoir trouvé ce ver, j'en ai cherché infructueusement dans plus de vingt
« autres petites tumeurs prises au hasard dans l'un ou l'autre rein. » (Vulpian cité par Davaine.) « Il est probable que des vers ont été la cause de la
« formation des tumeurs; si M. Vulpian n'en a pas trouvé dans toutes, c'est
« que, sans doute, ces vers, après un certain temps, périssent et disparais-
« sent. » (Davaine.)

M. Davaine cite encore dans son excellent ouvrage un fait semblable observé chez l'ours par Rédi, et un autre un peu différent signalé chez le chevreuil par le même observateur.

Corps oviformes chez le lapin. — On trouve assez fréquem-
ment dans le foie du lapin domestique des tumeurs particulières qui font saillie à la surface de l'organe. Ces petites tumeurs sont d'un blanc jaunâtre, grosses comme un pois ou un peu moins, plus ou moins allongées, et de forme ovoïde. Elles sont formées

par des dilatations des canaux biliaires dont la membrane s'est épaissie et offre presque la résistance du tissu fibreux. Elles contiennent dans leur intérieur une matière pulpeuse, blanchâtre ou un peu jaunâtre, qui s'écrase et s'étale sous une faible pression. Cette matière soumise à l'examen microscopique, est presque entièrement constituée par des corps qui ont une grande ressemblance avec les œufs des helminthes. Ce sont des corps ovoïdes ou elliptiques, pourvus d'une double enveloppe, contenant dans leur intérieur une matière granuleuse qui tantôt les remplit complétement 'et tantôt se rassemble au centre en une petite sphère. Ils sont longs de $0^{mm},035$ à $0^{mm},040$ et larges de $0^{mm},017$ à $0^{mm},022$. Ils diffèrent des œufs de distomes avec lesquels on les a confondus, en ce qu'ils ne possèdent point l'opercule que l'on rencontre toujours chez ceux-ci. Ils ne sont d'ailleurs jamais accompagnés d'aucun ver, de quelque nature qu'il soit, auquel on puisse attribuer le fait de les avoir pondus. Tous les helminthologistes s'accordent cependant à les regarder comme les œufs d'un helminthe qui jusqu'à ce jour aurait échappé à leurs recherches. Cela est rendu très-probable par une observation de M. Davaine qui a vu la matière granuleuse contenue dans ces corps oviformes se segmenter à la manière du vitellus dans les œufs des nématoïdes. C'est pour ces diverses raisons que nous avons cru devoir signaler ici, à la suite de l'histoire des helminthes de cet ordre, les corps oviformes du foie du lapin.

En 1862, M. Colin, examinant dans le foie du surmulot (*mus decumanus*, Pallas) des tumeurs semblables à celles dont nous nous occupons ici, a trouvé avec les œufs qu'elles renfermaient des vers blancs, cylindriques, extrêmement longs, contournés sur eux-mêmes, à tégument lisse et à extrémités du corps effilées. Ces vers contenaient dans leurs organes génitaux des œufs semblables à ceux des tumeurs du foie, et cela ne pouvait laisser aucun doute sur l'origine de ces dernières. M. Colin rapporte au genre trichosome l'helminthe qui vient pondre ses œufs dans le foie du surmulot. Nous ne saurions dire si cette détermination est exacte, car les caractères vagues attribués par M. Colin à son trichosome hépatique n'appartiennent pas plus à un genre qu'à un autre, dans l'ordre des nématoïdes. Mais en ce qui concerne les corps oviformes du foie du lapin, ils ne proviennent certainement pas d'un trichosome, car les œufs des vers de ce genre sont parfaitement reconnaissables aux goulots qui les prolongent à chacune de leurs extrémités et qui manquent entièrement dans les corps oviformes. On ne peut donc, quant à présent, rien dire de certain sur l'origine de ces corps, si ce n'est que tout semble prouver qu'ils proviennent d'un nématoïde encore indéterminé.

FAMILLE DES ACANTHOCÉPHALES.— Cette famille qui, jusqu'à présent, ne se compose que du seul genre *Echinorynchus*, renferme des vers qui le plus souvent ont, par leurs formes extérieures, beaucoup d'analogie avec les nématoïdes dont ils diffèrent cependant par des caractères essentiels, ainsi que cela ressortira évidemment des quelques détails dans lesquels nous allons entrer.

Les échinorynques ont ordinairement le corps arrondi, cylindroïde et plus ou moins aminci à chacune de ses extrémités. Leur tégument est opaque, résistant, variable dans sa couleur, plus ou moins marqué de rides transversales inégalement espacées, mais toujours dépourvu des stries transverses qui existent, ainsi que nous l'avons vu, chez la plupart des nématoïdes. Il porte souvent à sa surface des pores qui sont visibles à l'œil nu et par lesquels s'effectue une absorption assez active pour suppléer à l'absence du tube digestif, et pour permettre au ver de puiser directement, par la surface cutanée, les sucs nécessaires à l'entretien de la vie. La tête est toujours munie d'une trompe qui est tout à la fois rétractile et protractile, et qui, de forme globuleuse, ovoïde ou cylindrique, porte toujours à sa surface des crochets plus ou moins nombreux. Elle est mise en mouvement par des muscles particuliers qui ont été minutieusement décrits par M. Cloquet, puis par M. Blanchard. Elle sert au parasite à se fixer aux parois de l'intestin ou des autres cavités naturelles dans lesquelles il peut vivre. Enfin elle est considérée par certains auteurs comme le dernier vestige d'un appareil digestif qui, suivant eux, a dû exister chez le ver dans son jeune âge, et qui a disparu par une sorte d'atrophie. Dans l'état de repos elle est reçue dans une espèce de cupule formée par un repli du tégument. Il n'existe point d'ouverture buccale, ni rien qui puisse être pris pour un tube digestif. M. Blanchard a signalé chez ces vers un appareil vasculaire composé de vaisseaux longitudinaux, légèrement sinueux, s'anastomosant fréquemment entre eux par des ramifications latérales, et s'étendant ainsi en formant un réseau de la partie antérieure à la partie postérieure du corps. Il est infiniment probable cependant que, chez ces vers comme chez ceux des autres ordres, la circulation se fait en grande partie par les lacunes que laissent entre eux les tissus et les organes.

Le système nerveux des acantocéphales n'est pas connu. M. Blanchard a rencontré au voisinage de la trompe deux ganglions, mais il n'a pu suivre au delà ses dissections. D'autres auteurs ont indiqué la présence de cordons nerveux, mais ils n'en ont pas fait connaître la disposition. Tout est donc encore à faire en ce qui concerne cette partie de l'histoire naturelle de ces curieux parasites.

Chez les échinorynques les sexes sont séparés. Le mâle, toujours plus petit que la femelle, est pourvu de un, deux ou trois testicules accompagnés de vésicules séminales complexes. Un pénis simple, entouré d'une gaîne membraneuse et mis en mouvement par des muscles nombreux, termine postérieurement cet appareil. Chez les femelles les ovaires sont libres et flottent dans l'intérieur du corps. Ils produisent des œufs en grand nombre, elliptiques ou fusiformes, à doubles ou triples enveloppes, et sans vésicules germinatives. Ces œufs flottent dans la cavité intérieure, comme les ovaires, et ils sont saisis par les contractions de l'extrémité dilatée d'un oviducte tubuleux qui s'ouvre à la partie postérieure du corps.

« Les embryons, du moins dans les espèces qu'on a étudiées,
« portent déjà plusieurs crochets à la tête avant leur éclosion....
« Nous avons trouvé de jeunes échinorynques enkystés qui
« avaient déjà la forme des adultes, et nous sommes très-portés
« à croire que ces vers se développent directement comme les
« nématoïdes, tout en changeant d'hôtes comme eux avec l'âge.
« Ainsi, les jeunes échinorynques vivraient d'abord aux dépens
« d'animaux différents de ceux qui leur servent de gîte définitif
« lorsqu'ils deviennent sexués. » (P. Gervais et van Bénéden.)

Comme nous l'avons dit plus haut, la famille des acanthocéphales ne renferme que le genre *Echinorynchus*, qui compte environ une centaine d'espèces. Une seule de ces espèces est parasite de l'un de nos mammifères domestiques, c'est :

L'échinorynque géant. *Echinorynchus gigas* (Gœze), dont voici les caractères: ver cylindroïde s'atténuant insensiblement en une queue conique assez longue dans sa partie postérieure. Corps ridé transversalement d'un blanc lacté nuancé de verdâtre ou plus rarement de bleuâtre. Trompe faisant en avant une saillie globulense couverte de cinq ou six rangées de crochets assez régulièrement disposés en quinquonce. — *Mâle* long de 6 à 8 centimètres présentant à sa partie postérieure une sorte d'expansion membraneuse cupuliforme. — *Femelle* longue de 20 à 32 centimètres, ayant la partie postérieure du corps un peu arrondie. Œufs oblongs pourvus de trois coques superposées, dans lesquelles l'embryon se développe plusieurs jours après la ponte ; cet embryon demeurant enfermé dans sa triple enveloppe et paraissant attendre que l'œuf soit placé dans un milieu et dans des conditions favorables à l'éclosion.

L'échinorynque géant habite l'intestin grêle du sanglier et du porc domestique où on le rencontre surtout pendant l'hiver. Il se fixe à la muqueuse intestinale à l'aide de sa trompe, parfois aussi il perfore, dit-on, les parois intestinales et pénètre jusque dans le péritoine. Il paraît être rare à Toulouse, car je ne l'ai point encore rencontré chez les divers porcs dont j'ai fait l'autopsie. Il est assez commun chez les porcs qui sont sacrifiés à Paris, et particulièrement chez ceux qui viennent du Limousin.

Le canard domestique, de même que la plupart des autres espèces, de l'ancien genre *anas* de Linnée, héberge quelquefois l'*échinorynchus polymorphus* (Bremser), dont le nom spécifique exprime assez l'un des principaux caractères. Dujardin a décrit jusqu'à dix formes particulières de cet helminthe qu'il considère comme des âges différents d'une même espèce zoologique.

II. ORDRE DES TRÉMATODES. — Les trématodes sont des vers mous, inarticulés, allongés ou discoïdes, dont le système nerveux est dépourvu de collier œsophagien, dont le tube digestif, variable dans sa forme, manque presque toujours d'anus, dont les sexes sont réunis dans un même individu, et dont le genre de vie est le plus souvent parasite, bien que cependant il y ait, dans cet ordre, beaucoup d'espèces qui sont libres, au moins pendant que s'accomplissent certaines phases de leur existence.

Les trématodes parasites de nos mammifères domestiques se distinguent nettement de tous les autres helminthes par leur forme. Leur corps est souvent aplati, discoïde, comme cela a lieu chez les douves par exemple, d'autres fois, au contraire, il est plus ou moins renflé comme on le voit chez les ampbistomes. Le tégument, qui n'est point marqué de stries transversales, est bien loin d'offrir autant de résistance que celui des nématoïdes. Après la mort de l'animal il s'altère promptement dans l'eau et devient même en partie diffluent. Il existe toujours chez ces vers une ou plusieurs ventouses qui, suivant les genres et les espèces, occupent à la surface du corps des régions différentes. C'est même d'après le nombre de ces ventouses, qui ont été prises quelquefois par les anciens helminthologistes pour de véritables bouches, que l'on a établi et que l'on a nommé les principaux genres de cet ordre, tels que les *monostomes*, les *distomes*, les *tristomes*, les *polystomes*, etc.

Tous les trématodes, lorsqu'ils sont adultes, ont un appareil digestif bien développé, mais qui manque d'anus. La bouche est ordinairement située au fond d'une ventouse antérieure. Elle est nue ou plus rarement armée de divers appendices, et suivie d'un bulbe œsophagien, puis d'un œsophage qui lui-même aboutit dans un intestin à deux branches simples ou rameuses, et dont toutes les divisions se terminent en cœcums. Il est probable que la distribution du fluide nourricier se fait chez les trématodes comme chez les nématoïdes, au moins en grande partie, par les lacunes que laissent entre eux les différents organes. M. Blanchard a cependant décrit et figuré chez ces vers un appareil vasculaire assez compliqué. Chez la douve du foie, cet appareil se compose d'un vaisseau principal occupant la ligne médiane dans la plus grande partie de son étendue, et fournissant une infinité de divisions secondaires, qui, ramifiées à leur tour, constituent par leur ensemble un réseau vasculaire dont les plus petits rameaux pénètrent dans toutes les parties du corps. Chez les amphistomes, au lieu d'un tronc principal, il y en a deux qui marchent sur les côtés de l'intestin et se réunissent vers la partie postérieure du corps, en formant un renflement que M. Blanchard considère comme un vestige de cœur, et que M. Milne Edwards, pour ne rien préjuger sur sa nature, désigne simplement sous le nom de vésicule de Laurer, du nom de l'anatomiste qui le premier en a donné la description. Du reste, il part des deux vaisseaux principaux une multitude de divisions qui se distribuent dans toutes les parties du corps, en se ramifiant à l'infini, mais qui diffèrent néanmoins de celles qu'on observe chez les douves, en ce que les derniers rameaux se terminent presque tous par un petit renflement vésiculeux. M. Blanchard n'hésite pas à considérer l'appareil, dont nous avons essayé de donner succinctement une idée, comme un système de vaisseaux comparables à ceux des annélides, et destiné à la circulation du sang. M. van Bénéden, au contraire et avec lui quelques autres naturalistes, regardent tout ce système de canaux comme constituant un appareil dépurateur analogue à l'appareil urinaire des animaux supérieurs, et font observer que, postérieurement, la vésicule de Laurer est pourvue d'une ouverture que l'on appelle le *foramen caudale*, et par laquelle est expulsée de temps en temps une partie du liquide renfermé dans les canaux. Dans l'état actuel de la science, il est difficile de distinguer celle de ces deux opinions qui se rapproche le plus de la vérité; aussi M. Milne Edwards, dont les écrits sont d'un si grand poids en zoologie, est-il « porté à croire que la divergence d'opinion entre M. Blan- « chard et les autres zoologistes dépend de l'existence d'une « fusion, tantôt plus, tantôt moins intime de l'appareil circula- « toire des trématodes avec un appareil excréteur, et que, par

« conséquent, la vérité se trouve entre les deux interprétations? »

Le système nerveux des trématodes atteste déjà une dégradation plus grande que chez les nématoïdes. On trouve en effet chez ces vers deux ganglions antérieurs qui sont situés de chaque côté de l'œsophage ou du bulbe pharyngien, et qui sont réunis l'un à l'autre par une commissure transversale. Mais cette commissure ne contourne point l'œsophage entièrement, et par conséquent il n'existe point de collier œsophagien. Des ganglions, partent quelques filets très-grêles qui se dirigent en avant, puis deux cordons principaux qui descendent jusqu'à la partie postérieure du corps, en présentant sur leur trajet quelques renflements ganglionnaires desquels émanent les rameaux très-fins destinés aux différents organes.

Chez les trématodes, les deux sexes sont toujours réunis sur un seul individu. Les testicules sont au nombre de deux et variables dans leur forme, dans leur organisation, comme dans la position qu'ils occupent. Ils sont en effet tubuleux et ramifiés chez le *fasciola hepatica* (L.), tandis qu'ils sont sous forme de masses arrondies ou mamelonnées chez le *distoma lanceolatum* (Mehlis) et l'*amphistoma conicum* (Rud.). Il existe parfois une vésicule séminale de laquelle on voit naître un ou plusieurs canaux efférents. D'autres fois, au contraire, ces canaux émanent directement des testicules pour se réunir bientôt en un seul canal éjaculateur. Celui-ci, plus ou moins sinueux ou contourné sur lui-même, traverse ordinairement une petite gaine et aboutit enfin au pénis qui tantôt fait saillie au dehors, et tantôt au contraire est retiré dans la gaine dont nous venons de parler. Chez les diverses espèces où l'on a pu étudier les spermatozoïdes, on les a toujours vus formés par un point arrondi terminé par une queue de médiocre longueur.

Les ovaires, de même que les testicules, sont au nombre de deux. Ils sont en général sous forme de grappes et occupent les parties latérales et quelquefois même la partie postérieure du corps. De chacune de ces grappes naît un tube qui, avec celui du côté opposé, aboutit dans une poche que l'on a nommée vésicule oviductale, et dans laquelle les œufs se revêtent d'une enveloppe résistante. A la suite de la vésicule oviductale vient un utérus tubuleux, à parois minces et transparentes, diversement replié et contourné dans l'intérieur du corps. Il renferme des œufs qui sont d'autant plus colorés et plus avancés dans leur développement qu'ils sont plus rapprochés de l'oviducte. Celui-ci continue l'utérus, il est tubuleux comme lui, un peu plus étroit et à parois plus résistantes. Il s'ouvre dans la vulve qui, toujours distincte de l'orifice par lequel sort le pénis, est généralement située cependant à une petite distance de cet organe et un peu en arrière.

Les œufs des trématodes n'offrent pas tous exactement la même organisation. Chez ceux qui appartiennent au sous-ordre des *polycotylaires* ou *polystomaires,* « les œufs sont grands, « riches en vitellus, à coque cornée, et pourvus de filaments « extérieurs qui servent à les fixer ; les embryons manquent de « cils vibratiles ; au moment de leur naissance, ils ont déjà la « forme définitive qui caractérise leur espèce, et ils sont assez « actifs pour pourvoir dès lors à leur nourriture. » (P. Gervais et van Bénéden.) Dans le sous-ordre des *distomaires,* au contraire, qui nous intéressent beaucoup plus que les *polycotylaires,* les œufs ne contiennent qu'une petite quantité de vitellus, et ne donnent pas directement naissance à des distomes ayant la forme caractéristique des animaux de leur espèce arrivés à l'âge adulte. Aussi, les distomaires se reproduisent-ils par voie de génération alternante.

Au moment de l'éclosion, l'embryon qui sort de l'œuf d'un distomaire est pourvu de cils vibratiles, et ressemble jusqu'à un certain point à un infusoire. M. de Siébold a même observé, dès 1835, qu'à cette première période de son existence, l'embryon du *monostoma mutabile* (Zéd.), renferme, dans l'intérieur de son corps, un organe particulier qui a l'apparence d'une ampoule ou d'un sac plus ou moins allongé, et qui, ainsi que nous le verrons plus loin, est appelé à jouer un rôle important dans la conservation de l'espèce. Cette observation remarquable du savant professeur de Munich peut être considérée comme le point de départ de tout ce que l'on sait aujourd'hui de la digénèse des trématodes distomaires. En poursuivant ses recherches, M. de Siébold a vu en effet que l'embryon du *monostoma mutabile* (Zéd.), après avoir nagé pendant quelque temps sous les yeux de l'observateur, ne tarde pas à s'arrêter et à se décomposer, comme les infusoires, sur le porte-objet du microscope. Mais cette décomposition n'est pas complète, car l'organe particulier renfermé dans l'intérieur de l'embryon ne meurt pas en même temps que celui-ci ; il persiste au contraire et démontre clairement par ses mouvements qu'il est doué de la vie. Aussi, à l'époque de ses premières observations, M. de Siébold avait-il été porté à considérer cet être singulier comme un *parasite nécessaire* de l'embryon du *monostoma mutabile* (Zéd.). Mais bientôt de nouvelles recherches l'éclairèrent davantage, il reconnut que le prétendu parasite du jeune monostome ressemblait par sa forme au sporocyste du *cercaria armata* (Siéb.) que l'on trouve chez quelques mollusques d'eau douce, et dès lors il émit cette opinion « qu'on pourrait croire que ces parasites nécessaires, qui « continuent à vivre après la mort de leur prison vivante, se déve- « loppent en sporocystes et produisent ensuite les monostomes « proprement dits. »

Les découvertes récentes ont pleinement justifié cette prévision de M. de Siébold. Il est facile de comprendre que, dans la nature les choses ne se passent pas absolument comme sous le micros- cope. Pour tous les distomaires qui ont été étudiés jusqu'à pré- sent, l'éclosion de l'œuf a lieu dans l'eau. L'embryon infusiforme et cilié, mis en liberté au milieu du liquide, se meut alors à l'aide de ses cils vibratiles, afin de rencontrer les êtres organisés chez lesquels il doit trouver les conditions indispensables à son déve- loppement ultérieur. Jusqu'à présent on ne sait point encore, d'une manière positive, comment cet embryon pénètre dans l'or- ganisme des animaux qui doivent favoriser le développement du sac contenu dans son intérieur, et qui, dans la plupart des cas, sont des mollusques d'eau douce des genres *lymneus*, *planorbis*, *physa*, *amphipeplea*, *paludina*, etc., ou bien encore des insectes parfaits ou des larves aquatiques, ou même, mais plus rarement, des mollusques terrestres, des genres *limax* et *helix*. Quoi qu'il en soit, la propriété de se mouvoir ne paraît avoir été donnée à l'embryon cilié qu'afin de lui permettre de porter dans les or- ganes de certains animaux le sac vivant, mais incapable de se déplacer lui-même, qui existe dans son intérieur. Aussi dès que ce but est atteint, l'embryon meurt et se décompose en laissant à sa place le sac vivant qu'il renfermait, et qui prend dès lors le nom de *sporocyste*. C'est ordinairement au milieu des organes génitaux, dans le tissu du foie, ou même sur le cœur des mol- lusques que nous avons nommés, que l'on rencontre les sporo- cystes. Ceux-ci se présentent, ainsi que nous l'avons dit déjà, sous forme d'ampoules ou de sacs allongés. Ils portent souvent, sur l'un des points de leur surface, une ventouse qui sert à les fixer. Parfois ils sont pourvus d'une bouche et d'un tube digestif plus ou moins développé qui se termine toujours en cæcum. D'autres fois, au contraire, la bouche et le tube digestif man- quent entièrement. Tous ne paraissent pas doués de vitalité au même degré; car, tandis que chez quelques-uns les contractions du corps sont des plus manifestes, chez les autres, au contraire, on n'observe que des mouvements obscurs. Mais un caractère qui leur est commun à tous, c'est qu'à une certaine époque, et après qu'ils se sont suffisamment accrus, il apparaît, probablement par gemmation, dans l'intérieur de leur cavité, des corps qui se développent peu à peu et qui sont eux-mêmes doués de la vie. Le plus ordinairement ces êtres nouveaux, lorsqu'ils sont entièrement développés, sont encore microscopiques, et rappellent assez par leur forme celle des têtards de grenouilles. On les connaît depuis longtemps, et, à une époque qui ne remonte pas bien haut, on les regardait comme des infusoires, et on les désignait sous le nom de *cercaires*. C'est même en raison de cela que quelques naturalistes ont donné aux sporocystes la qualification de *sacs cercarigères*. Les cercaires ont un corps aplati, déprimé, ovale ou elliptique, qui déjà ressemble à celui de certains distomaires parfaits comme les douves par exemple. Elles sont pourvues d'une queue simple ou bifide qui varie beaucoup dans ses dimensions suivant les espèces, et qui paraît être leur principal organe de locomotion. Quelques espèces, telles que les *cercaria armata* (Siéb.), *C. echinata* (Duj.), *C. echinatoïdes* (Filipi), *C. microcotyla* (Filipi), *C. macrocera* (Filipi), etc., sont armées, dans leur partie antérieure, d'un aiguillon particulier dont nous les verrons faire usage au moment d'accomplir l'une de leurs migrations. D'autres, au contraire, ne sont nullement armées. Chez toutes il existe déjà une ou deux ventouses placées à peu près comme chez les distomaires à l'état parfait. Quelques-unes d'entre elles sont pourvues aussi d'un tube digestif qui offre généralement deux branches terminées en cæcums, et d'un appareil glanduleux particulier qui apparaît comme une tache de couleur variable dans l'intérieur du corps, et dont l'usage est entièrement inconnu. Enfin il est certaines cercaires dont le corps est rempli de cellules nucléées que M. de Filipi considère comme destinées à produire, sur la surface du corps, la substance hyaline, visqueuse, qui forme par sa condensation la double enveloppe dans laquelle plus tard s'enkyste l'animal. Quant aux organes génitaux, on n'en voit point de trace chez les cercaires. Le nombre des cercaires qui se forment dans chaque sporocyste est infiniment variable. Il est des sporocystes de petites dimensions qui ne renferment pas plus de une à quatre cercaires; il en est d'autres au contraire qui, étant plus volumineux, en contiennent de grandes quantités, et cependant il arrive souvent que, malgré ces différences, ces sacs cercarigères sont bien évidemment de la même espèce. Du reste les petits animaux, qui sont renfermés dans un même sac, ont rarement atteint tous le même degré de développement, et souvent ils sont sous ce rapport bien différents les uns des autres, exactement comme les scolex qui se forment sur la vésicule du *cœnurus cerebralis* (Rud.).

Dans l'immense majorité des cas, les sporocystes ne produisent que des cercaires. Il y a cependant à cette loi générale des exceptions bien remarquables. C'est ainsi par exemple que l'on a observé des sporocystes qui font naître dans leur intérieur d'autres sporocystes, ces derniers étant alors seuls destinés à engendrer les cercaires; d'autres fois, au contraire, c'est un phénomène inverse qui se fait observer, car M. van Bénéden d'une part, et M. de Filipi de l'autre, ont trouvé des distomes déjà formés dans des sporocystes. Ajoutons encore qu'il semble même que dans certains cas des sporocystes peuvent produire tout à la fois des cercaires et d'autres sporocystes, ou bien même des cercaires avec des distomes assez distinctement formés.

Voyons maintenant ce que deviennent les cercaires lorsqu'elles ont acquis le développement auquel elles peuvent atteindre dans l'intérieur du sac cercarigère. Toutes doivent nécessairement quitter le sporocyste dans lequel elles ont vécu jusqu'alors. Ce qui le prouve, c'est que M. de Filipi, et après lui d'autres observateurs, ont rencontré souvent parmi des sporocystes remplis de cercaires, d'autres de ces sacs entièrement vides. Quelquefois il arrive, comme cela a lieu pour le *cercaria echinatoïdes* (Filip.), que les cercaires, après avoir quitté leurs sporocystes, s'enkystent sur le mollusque même qui a hébergé leurs nourrices, mais dans un organe autre que celui où celles-ci se sont développées; d'autres fois, au contraire, les cercaires abandonnent entièrement l'être sur lequel elles ont vécu jusqu'alors et nagent librement par myriades dans les eaux environnantes. On comprend sans peine qu'un grand nombre de ces petits animaux doivent alors périr, soit parce qu'ils deviennent la proie des nombreux habitants des eaux, soit encore parce qu'ils ne parviennent pas à se placer dans les conditions favorables à leur développement ultérieur. Quoi qu'il en soit, il en est toujours au moins quelques-unes qui réussissent à rencontrer des individus propres à les héberger, et qui parviennent à pénétrer dans leur organisme. Il est possible que les espèces de cercaires qui ne sont point armées arrivent passivement et peut-être avec les boissons ou les aliments dans le corps de l'hôte où elles doivent s'enkyster. Quant à celles qui sont pourvues d'un aiguillon antérieur, M. de Siébold a fait sur le *cercaria armata* (Siéb.) une observation curieuse qui suffit pour nous faire comprendre qu'ici la migration ne se fait nullement d'une manière passive. Le savant naturaliste que nous venons de citer, ayant placé, dans un même verre de montre, des cercaires et des larves très-jeunes de névroptères (éphémères, perles), qu'il avait préalablement examinées avec soin afin de se convaincre qu'elles ne portaient point de parasites, a vu les cercaires se réunir autour des larves, ramper ensuite d'une manière inquiète à la surface du corps de ces animaux, puis presser contre certains points des téguments, à l'aide de leur épine antérieure, et recommencer cette manœuvre, jusqu'à ce qu'enfin elles aient réussi à perforer la peau, et à s'introduire par la blessure, et en écartant les lèvres de la plaie, au milieu des tissus. Chose remarquable, dans cette immigration active, la cercaire perd sa queue qui lui serait désormais inutile et qui reste au dehors pincée qu'elle est par la rétraction des bords de la plaie. Du reste, dès qu'il est parvenu au sein des tissus, le parasite ne tarde pas à s'arrêter, à se contracter en boule, et à s'entourer d'un kyste formé d'une double enveloppe qu'il sécrète lui-même, d'après M. de Filipi, aux dépens des cellules nucléées dont son corps est rempli. Les diverses espèces d'animaux chez lesquelles s'enkystent les cercaires peuvent varier beaucoup. Ce sont quelquefois des mollusques, des larves aquatiques, ou même des insectes qui vivent dans l'eau à l'état parfait; d'autres fois, ce sont des crustacés d'eau douce; M. de Siébold a même vu le *cercaria ephemera* (Nitzsch.) s'enkyster à la surface de certaines plantes ou de quelques autres corps étrangers, sans que l'on puisse affirmer cependant que ce soit là une condition normale dans l'existence de ce parasite. Quel que soit d'ailleurs l'hôte chez lequel s'enkyste la cercaire, elle subit dans la prison où elle s'est enfermée elle-même de nouvelles modifications, et son organisation se rapproche peu à peu, et de plus en plus, de celle du distomaire à l'état adulte. Quelquefois alors on voit que chez elle les organes génitaux commencent à se former, mais il est rare que l'organisation de ces parties s'achève, car il faut encore que le parasite, pour arriver à l'état parfait, passe dans un autre animal occupant dans l'échelle zoologique un rang plus élevé. On conçoit que dans l'état d'enkystement où se trouve la cercaire, cette dernière migration doit être absolument passive. Elle n'a lieu sans doute que lorsque des vertébrés se nourrissent des animaux inférieurs chez lesquels les cercaires enkystées résident. Alors l'hôte qui a hébergé le parasite est digéré, tandis que celui-ci résistant à l'action du suc gastrique et des autres liquides sécrétés dans l'intestin, se transforme définitivement en un distomaire qui acquiert des organes génitaux, et produit enfin des œufs dont le développement ne pourra se faire qu'en dehors du vertébré où leur parent termine son existence. La science possède déjà quelques exemples bien avérés des migrations et des métamorphoses dont nous avons essayé de donner une idée générale. C'est ainsi que MM. Paul Gervais et van Bénéden ont constaté que le *cercaria armata* (Siéb.) se développe dans des sporocystes du *lymneus ovatus* (Drap.), et du *lymneus stagnalis* (Drap.), qu'il s'enkyste ensuite dans les larves du genre frigane, et qu'il arrive enfin à l'état de *distoma retusum* (Duj.), dans l'intestin des grenouilles. Les mêmes naturalistes ont obtenu la transformation du *cercaria brunnea* des lymnées en *distoma echinatum* (Zéder), dans l'intestin du canard domestique. Ils ont vu également le *cercaria ephemera* (Nitzsh.) dont les sporocystes habitent le *planorbis corneus* (Poir.) se transformer en *monostoma flavum* (Mehlis) dans le tube digestif des animaux du genre *anas* (L). Enfin ils ont reconnu encore que l'*amphistoma subclavatum* (Nitzsch.) des grenouilles dérive d'une cercaire indéterminée qui se produit dans des sporocystes du *cyclas cornea* (Lamk). M. de Filipi a suivi, lui aussi, le développement d'une cercaire, et a pu constater des faits qui, tout analogues qu'ils soient avec ceux que nous venons de retracer, ne présentent pas moins une exception qu'il est bon de constater. Il a vu, en effet, le *cercaria echinatoïdes* se développer dans des sporocystes (Rédies) situés au sein du tissu du foie et des organes génitaux d'une paludine. Mais au sortir des sporocystes les cercaires n'ont point abandonné le mollusque sur lequel avaient vécu leurs nourrices ; elles se sont au contraire enkystées sur le cœur et dans le réservoir d'eau de ce même mollusque. Une certaine analogie de forme entre ces cercaires enkystées et le *distoma echinatum* (Zéd.), qui habite l'intestin du canard domestique, lui fit supposer qu'il réussirait à obtenir un distome en administrant à de jeunes canetons les kystes qu'il avait recueillis ; mais, contre son attente, il n'en fut pas ainsi ; tandis que la même tentative ayant été faite sur la grenouille, les cercaires, mises en liberté dans l'intestin, se transformèrent en distomes imparfaits. Aussi M. de Filipi tire-t-il de son expérience la conclusion que le *cercaria echinatoïdes* (Fili.), qu'il a étudié, n'est pas destiné sans doute à atteindre son dernier état chez la grenouille, mais que probablement c'est chez un animal à sang froid, plus ou moins rapproché de ce batracien par son organisation, que doit se faire cette métamorphose.

Telle est la série des migrations et des métamorphoses qui doivent nécessairement s'accomplir pour que se conservent les diverses espèces de distomaires. On comprendra facilement d'après les détails dans lesquels nous sommes entré que les animaux de ce sous-ordre doivent se rencontrer à l'état parfait surtout chez les vertébrés qui, habituellement, vivent dans l'eau ou au voisinage des eaux. Plus des deux tiers en effet des espèces de distomaires que l'on connaît aujourd'hui sont parasites des poissons, des batraciens, des reptiles aquatiques, des oiseaux palmipèdes ou échassiers, et de quelques mammifères que leur organisation retient dans les endroits humides ou même dans l'eau. Il est même remarquable que la presque totalité de ces vertébrés se nourrissent volontiers des mollusques ou des autres animaux inférieurs chez lesquels les distomaires sont hébergés à l'état de cercaires enkystées. Mais il n'en est pas moins vrai que l'on rencontre également des vers de ce sous-ordre chez des animaux supérieurs, qui sont loin d'avoir des mœurs aquatiques, ou même chez des herbivores, comme nous en avons des exemples dans nos ruminants domestiques, nos solipèdes, et quelques espèces de nos oiseaux de basse-cour. C'est ici qu'il est nécessaire pour se rendre compte de la dissémination des distomaires de se rappeler quelques-unes des particularités que nous avons relatées plus haut. Les cercaires, ainsi que nous l'avons dit, s'enkystent souvent dans des larves. Or, celles-ci, qui sont aquatiques dans leur premier état, se transforment fréquemment plus tard en insectes destinés à vivre loin des eaux. Si nous réfléchissons maintenant que ces mêmes insectes doivent, dans les vues de la nature, servir de proie à des vertébrés entièrement terrestres, nous pourrons facilement concevoir comment un distomaire qui a presque exclusivement vécu au sein des eaux pendant les premières phases de son développement, se trouve néanmoins à l'état d'animal sexué, dans les divers organes de la taupe, du hérisson, de certains passereaux, des gallinacés, ou d'autres animaux peu habitués à fréquenter le bord des eaux. Il est probable aussi que c'est très-souvent avec les boissons que les distomaires pénètrent dans les organes des animaux supérieurs. Nous avons vu en effet qu'au sortir du sporocyste, beaucoup de cercaires nagent librement dans l'eau pendant quelque temps. Il est certain que chez les espèces que l'on a étudiées, ces petits animaux paraissent avoir besoin de s'enkyster avant de pouvoir atteindre chez un animal supérieur leur dernier degré de développement. Mais il est possible aussi que cet enkystement ne soit pas absolument indispensable, et que des cercaires prises directement avec les boissons par certains vertébrés soient en état d'arriver à leur dernière forme. On pourrait même se demander s'il ne doit pas en être ainsi des cercaires qui ne sont point armées d'aiguillons dans leur partie antérieure, ou de ces distomes que l'on a trouvés presque entièrement formés dans quelques sporocystes. Bien plus, en supposant même que cet enkystement préalable soit toujours indispensable à la transformation ultérieure de la cercaire en distome, cela ne serait pas un obstacle absolu à ce que ces parasites pussent arriver avec les boissons ou même avec les aliments jusque dans les organes des animaux en général, et en particulier des herbivores. M. de Filipi a observé que les kystes du *cercaria echinatoïdes* (Fil.), qui se forment sur le cœur et dans le réservoir d'eau de la paludine où a vécu le sporocyste lui-même, sont souvent expulsés en grand nombre par le mollusque, et que le petit animal peut y rester vivant pendant deux ou trois jours; d'un autre côté, M. de Siébold a vu le *cercaria ephemera* (Nitz.) s'enkyster sur des plantes et même sur des corps inertes. Or, ces circonstances que les deux auteurs que nous venons de citer considèrent comme accidentelles pour les deux espèces dont ils se sont occupés, ne pourraient-elles pas être normales pour d'autres espèces encore inconnues, et ne serait-il pas possible alors de s'expliquer facilement l'arrivée des distomaires dans les organes du plus grand nombre des animaux et de l'homme lui-même, quelque éloignés qu'ils paraissent être des conditions qui, au premier abord, sembleraient être indispensables à l'introduction de ces curieux parasites au sein de l'économie.

Ainsi, en résumé, les trématodes se reproduisent de deux manières différentes : les uns, qui appartiennent au sous-ordre des polycotylaires, ne subissent aucune métamorphose ; les autres, au contraire, qui constituent le sous-ordre des distomaires, se reproduisent par voie de génération alternante. Leur embryon infusiforme et cilié, comparable au proscolex des cestoïdes, donne naissance à un sporocyste. Celui-ci, qui est une véritable nourrice, produit à son tour des cercaires que l'on voit nager pendant un certain temps, puis s'enkyster chez des animaux inférieurs, pour n'atteindre leur complet développement et se transformer en distomaires sexués qu'après avoir été portées dans l'organisme des vertébrés supérieurs. Il est évident que dans cette succession de migrations et de métamorphoses, une multitude de germes, de sporocystes, de cercaires doivent périr sans avoir jamais pu remplir le rôle qui leur est assigné. Mais ici, comme dans tous les cas où la conservation d'une espèce est subordonnée à un tel concours de circonstances, qu'il y a à craindre pour elle des chances nombreuses de destruction, la nature a pris soin de multiplier les germes en quelque sorte à l'infini. Elle est même allée plus loin encore, car elle a donné à chacun de ces germes le pouvoir de produire, non pas un seul être sexué comme cela arrive pour la plupart des autres animaux, mais toute une colonie de cercaires, qui, si elles réussissent à se développer, deviendront à leur tour autant de mères capables de perpétuer leur espèce.

Comme nous l'avons dit plus haut, l'ordre des trématodes se partage en deux sous-ordres : les *polycotylaires* et les *distomaires*. Indépendamment des particularités qui se font observer dans les organes et dans les fonctions de génération, ces deux groupes se distinguent encore par le nombre des ventouses qui, chez les premiers, s'élève ordinairement à plus de deux, tandis qu'il n'y en a jamais qu'une ou deux chez les seconds, et par le genre de vie des différentes espèces. En effet, les polycotylaires, qui nous intéressent très-peu, sont des parasites extérieurs vivant le plus communément sur les branchies de quelques poissons. Les distomaires, au contraire, que les vétérinaires doivent connaître, sont des parasites intérieurs, que l'on rencontre à l'état parfait jusque dans les organes les plus importants des vertébrés supérieurs. Ceux qui sont parasites de nos mammifères domestiques se répartissent dans les trois genres *distoma*, *amphistoma* et *holostoma*, dont nous allons successivement tracer les principaux caractères.

GENRE DISTOME. *Distoma* (Zéder, Rudolphi, Retzius). — Corps aplati, discoïde, pourvu de deux ventouses, l'une antérieure au fond de laquelle est située la bouche, l'autre ventrale, imperforée, placée un peu en arrière de la première et toujours au moins dans le tiers antérieur du corps. Tube digestif composé de la bouche, d'un bulbe œsophagien, de l'œsophage, et d'un intestin à deux branches simples ou ramifiées. Orifices des organes génitaux situés en avant de la seconde ventouse. Deux testicules, tantôt divisés en branches nombreuses, tantôt représentés par deux masses plus ou moins mamelonnées. Un pénis plus ou moins saillant. Deux ovaires en grappes occupant les parties latérales du corps. Un utérus tubuleux plus ou moins replié. Un oviducte s'ouvrant par la vulve un peu en arrière de l'orifice par lequel sort le pénis. Œufs ovoïdes ou elliptiques, toujours pourvus d'un opercule.

Distome ou douve du foie. *Distoma hepaticum* (Abilgaard, Zéder). *Fasciola hepatica* (L.). — Corps aplati, discoïde, d'un brun fauve très-pâle plus ou moins nuancé d'une couleur plus foncée, pouvant atteindre jusqu'à 30 ou 35 millim. de longueur et 12 ou 15 millim. de largeur, étranglé antérieurement de manière à présenter comme une sorte de cou conique, atténué en arrière et offrant dans son ensemble une forme ovale ou oblongue. Ventouse antérieure, petite, arrondie. Ventouse postérieure, grande, très-saillante avec une ouverture triangulaire. Branches de l'intestin très-ramifiées et se dessinant souvent en verdâtre à travers les téguments. Pénis saillant en avant de la ventouse postérieure, toujours recourbé. Testicules divisés en branches nombreuses terminées en cæcums. Orifice génital femelle très-peu visible à l'extérieur, rapproché du pénis à la droite et un peu en arrière duquel il se trouve placé. Ovaires en grappes. Œufs brunâtres ou d'un jaune verdâtre par transparence, longs de $0^{mm},13$ à $0^{mm},14$ et larges de $0^{mm},07$.

Ce ver existe très-communément dans les canaux biliaires du mouton ainsi que dans la vésicule du fiel. On le rencontre aussi quelquefois dans l'intestin où il semble avoir été entraîné. Il est moins répandu chez les autres ruminants. Il se trouve néanmoins quelquefois chez le bœuf, chez la chèvre, et chez les ruminants que l'on entretient captifs dans nos ménageries. Nous l'avons rencontré chez le cheval, l'âne et le mulet ; on l'a signalé également chez le porc et le lapin domestique. Enfin l'homme lui-même peut héberger cet helminthe dans les canaux biliaires, et M. Duval, de Rennes, l'a recueilli jusque dans la veine porte. C'est en résumé un des helminthes les plus répandus chez les mammifères sauvages ou domestiques. Tous les auteurs s'accordent à reconnaître qu'il est beaucoup plus commun chez les moutons des contrées marécageuses et humides, que chez ceux des pays secs et élevés. Il est infiniment rare de ne pas le rencontrer en abondance dans le foie des bêtes ovines qui succombent à la cachexie aqueuse. On ne connaît encore le *distoma hepaticum* (Abil.) qu'à l'âge adulte. Ses migrations, ses métamorphoses, ainsi que les êtres inférieurs sur lesquels il vit probablement à l'état de sporocyste et de cercaire libre ou enkystée, sont encore complétement inconnus. Cependant, après des tentatives multipliées, nous avons réussi, dans le courant de l'année dernière à Toulouse, et cette année à l'École d'Alfort, à faire éclore des œufs du *distoma hepaticum* (Abilg.) que nous avions recueillis, les uns dans les canaux biliaires d'une vache, les autres dans le foie d'un mouton. Pour obtenir ce résultat, nous les avons placés, avec une petite quantité d'eau, dans des verres de montre, que nous avons conservés pendant quatre mois dans une atmosphère humide.

Les œufs de la douve hépatique sont elliptiques et d'un jaune verdâtre. Leur vitellus est granuleux et remplit entièrement la coque. Celle-ci est transparente et pourvue, à l'une des extrémités, d'un opercule circulaire que l'on ne voit pas ordinairement quand les œufs sont récemment pondus, mais qui devient apparent après que ceux-ci ont séjourné dans l'eau pendant vingt-cinq ou trente jours. Placés dans les conditions que nous avons indiquées plus haut, les œufs sur lesquels ont porté nos observations, n'ont pas tous fait naître des embryons. Plus de la moitié d'entre eux se sont altérés. Leur vitellus s'est troublé et a pris un aspect nuageux : l'opercule s'est détaché, le contenu de l'œuf s'est épanché, et la coque seule est restée vide et transparente. Quant aux œufs dans lesquels un embryon s'est developpé, le travail qui s'est accompli dans leur intérieur a suivi une marche peu régulière, en ce sens qu'ils n'ont pas tous en même temps passé par les mêmes phases, et que les uns étaient déjà très-avancés, quand les autres commençaient à peine à subir leurs premières modifications. Quoi qu'il en soit, voici ce que nous avons observé. Après huit ou dix jours, nous avons commencé à voir, dans les verres de montre, des œufs dont le vitellus se segmentait. Mais ici le phénomène de la segmentation offre ceci de particulier que le vitellus se partage immédiatement, dans toutes ses parties, en un grand nombre de petits lobes, et prend de prime abord l'apparence framboisée. Seulement, dans les premiers jours, cette segmentation est confuse, et ce n'est qu'après un temps assez long que la forme que nous venons d'indiquer se montre nettement et d'une manière tranchée. A cette forme en succède peu à peu une autre dans laquelle le vitellus homogène constitue une masse allongée qui remplit à peu près l'œuf et présente sur ses bords des ondulations peu profondes. Cette masse à son tour devient bientôt un embryon que l'on voit s'agiter dans l'œuf. Il est facile de reconnaître qu'à cette époque de son existence, l'embryon est enveloppé d'une membrane très-fine qui tapisse la coque à l'intérieur, et qu'il déplace de temps à autre dans les mouvements auxquels il se livre. Du reste, il occupe rarement la totalité de la cavité que limite la coque. Le plus souvent, au contraire, il laisse des vides sur les côtés ou vers les extrémités de sa prison, dans laquelle il est situé, de telle sorte que sa partie postérieure est voisine de l'opercule, tandis que son extrémité antérieure correspond au bout opposé. Aussi est-ce celle qui sort la dernière au moment de l'éclosion.

Les mouvements de l'embryon dans l'œuf sont d abord peu

marqués, et consistent simplement en des dilatations et des contractions successives qui ont lieu de la partie antérieure à la
partie postérieure du corps. Ils deviennent ensuite beaucoup
plus étendus, et le petit animal fait des efforts pour s'ouvrir un
passage. L'opercule se détache alors plus ou moins complète-
ment, et laisse une petite ouverture circulaire large de 0^{mm},024
à 0^{mm},028, dans laquelle l'embryon s'engage par son extrémité
postérieure. La sortie de l'œuf semble exiger de sa part des efforts qui le fatiguent beaucoup. Aussi le voit-on de temps à autre
suspendre ses mouvements et s'arrêter comme pour reprendre
des forces. Dans ce cas le corps, renflé en avant et en arrière,
demeure comme étranglé dans un point par l'étroite ouverture
par laquelle le ver est obligé de passer. Ce n'est le plus souvent
qu'après un temps assez long que le jeune animal réussit à se dé-
gager entièrement, et plusieurs fois nous en avons vu qui, après
une heure, n'avaient pas encore réussi à conquérir leur liberté.

Quoi qu'il en soit, l'embryon, dès qu'il est libre, part comme un
trait, et ses mouvements sont si rapides qu'il est souvent difficile de le suivre et de l'étudier. Ainsi que tous les embryons de
distomaires qui ont été observés jusqu'à présent, celui de la
douve hépatique ressemble à un infusoire cillé, et jouit de la propriété de modifier, dans des limites assez étendues, la forme de
son corps. Assez souvent, lorsqu'il voyage dans le liquide, il est
renflé en avant, un peu rétréci en arrière, et représente une sorte
de cône court et tronqué. Il est alors long de 0^{mm},07 à 0^{mm},10,
et large dans sa partie antérieure de 0^{mm},050 à 0^{mm},055. D'autres
fois il s'étire à un tel point qu'il devient semblable à une bandelette un peu plus large en avant qu'en arrière, offrant une
longueur de 0^{mm},11 à 0^{mm},16 ou 0^{mm},18, et une largeur de
0^{mm},028 à 0^{mm},035. Enfin, dans d'autres circonstances, on le voit
se ramasser en quelque sorte sur lui-même et devenir à peu près
rond. Presque toujours, lorsqu'il prend cette forme, il se met à
tourner sur lui-même à la manière d'une toupie, et avec une rapidité extraordinaire. Le corps de l'embryon de la douve hépatique est revêtu dans toutes ses parties de cils vibratiles. Sur son
bord antérieur il présente une sorte de petite fissure dans laquelle existe une pointe triangulaire courte, qui est tout à la fois
rétractile et protractile. Enfin, à la partie antérieure, et un peu
en arrière de la pointe que nous venons de signaler, on distingue
dans l'intérieur du corps une tache opaque à deux lobes écartés
ressemblant aux ailes déployées d'un papillon. Cette tache
change souvent un peu de place, se portant en avant, en ar-

rière, ou sur les côtés, pour revenir ensuite à sa position première. Les deux lobes qui la composent sont aussi susceptibles de s'écarter et de se rapprocher. M. Nicolet, bibliothécaire à l'école d'Alfort, qui s'est longtemps occupé de l'étude des infusoires, a bien voulu examiner quelques-uns des embryons que nous avons fait éclore, et il a comparé ce petit appareil aux organes de manducation que présentent certains infusoires systolides, comme les rotifères par exemple.

A partir du moment où ils sont nés, les embryons infusiformes de la douve voyagent dans tous les sens au milieu du liquide. Lorsqu'ils demeurent en place, ils agitent presque toujours, avec plus ou moins de rapidité, leurs cils vibratiles, ou bien encore on les voit, lorsqu'ils sont arrêtés, appuyer fortement leur partie antérieure contre les corps étrangers (les œufs par exemple), qui sont avec eux dans l'eau. Dans cette position, on dirait qu'ils font effort pour percer, avec la pointe dont ils sont armés, les corps sur lesquels ils appuient. Bien que nous ayons conservé les verres de montre où nageaient ces petits animaux pendant un mois environ, il nous a été impossible de voir se produire en eux aucune modification.

Le temps que les embryons de la douve mettent à se développer est assez long. Ainsi, dans les recherches que nous avons faites à Toulouse, nous avons trouvé, pour la première fois, des embryons libres dans le liquide le 25 octobre, alors que les œufs avaient été recueillis le 1er août de la même année. Dans celles que nous avons faites à Alfort, les œufs tirés du foie d'un mouton le 20 février n'ont fourni des embryons que le 17 mai suivant. Dans les unes comme dans les autres, nous avons vu ensuite de nouvelles éclosions se faire chaque jour sous nos yeux pendant un mois environ.

Aux caractères que présente l'embryon infusiforme de la douve hépatique, il est facile de reconnaître que ce petit être est destiné à vivre dans l'eau. Il est assez probable, d'après cela, qu'il est appelé à pénétrer dans le corps de quelque animal aquatique, et que c'est dans ce dernier que doit se développer le sporocyste auquel il donne naissance. Partant de cette idée nous avons versé le contenu de l'un de nos verres de montre, alors que les embryons étaient pleins de vie, dans une capsule en verre où nous avons fait vivre jusqu'à ce jour (15 septembre) quelques lymnées de différentes grosseurs. Ceux de ces mollusques que nous avons disséqués depuis quatre mois ne nous ont encore rien laissé voir qui puisse nous faire supposer que les embryons de la douve aient pénétré jusque dans l'intérieur de leurs organes.

Distome lancéolé. *Distoma lanceolatum* (Mehlis). Corps blanchâtre nuancé de brun par les œufs qui sont accumulés en quantité plus ou moins grande dans l'utérus, long de 5 à 9 millim., large de 2 millim. 2, discoïde et déprimé, atténué aux deux extrémités, particulièrement à la partie antérieure qui ne se rétrécit pourtant pas en forme de cou. Ventouse buccale proportionnellement plus grande que dans le distoma hepaticum. Ventouse postérieure à peu près aussi grande que l'antérieure. Bulbe œsophagien globuleux ; œsophage long ; intestin à deux branches non ramifiées. Pénis long, peu contourné, et faisant saillie un peu en avant de la ventouse ventrale. Deux testicules sous forme de masses arrondies et mamelonnées. Ovaires en grappes occupant les parties latérales du corps. Utérus très-long et très-replié dans la partie médiane qu'il occupe entièrement. Orifice génital femelle très-rapproché du pénis. Œufs très-nombreux, ovoïdes, longs de $0^{mm},030$ à $0^{mm},047$, colorés en fauve ou en brun plus ou moins foncé, suivant qu'ils sont plus ou moins avancés dans leur développement, toujours pourvus d'un opercule relativement beaucoup plus grand que celui des œufs du *distoma hepaticum*. Vitellus commençant à se modifier dans l'intérieur des organes génitaux du parasite. Embryon se formant, d'après **M. Moulinié**, pendant le passage de l'œuf dans l'intestin.

Cet helminthe se rencontre dans les canaux biliaires du mouton, tout aussi communément que le *distoma hepaticum* (Abil.), et le plus souvent ces deux vers existent ensemble chez le même animal. Aussi a-t-on longtemps considéré les distomes lancéolés comme étant les jeunes de la douve du foie. Mehlis a démontré le premier que ces vers de petite taille étaient adultes et constituaient bien évidemment une espèce distincte. Le *distoma lanceolatum* (Mehl.) a été trouvé chez le bœuf, la chèvre et quelques autres ruminants qui vivent à l'état sauvage. Rudolphi, et plus tard **M.** de Siébold l'ont vu dans les canaux biliaires du chat où il est cependant très-rare. On en a constaté aussi la présence chez le porc et le lapin domestique. Enfin il habite quelquefois les canaux biliaires de l'homme où il semble être plus rare cependant que la douve du foie.

Les migrations et les métamorphoses de cette espèce sont aussi inconnues que celles de l'espèce précédente. La production de ces deux vers est encore de nos jours souvent attribuée dans les campagnes à la présence dans les pâturages des *ranunculus lingua* (L.) et *ranunculus flammula* (L.). Cette opinion qui résulte d'une observation superficielle, quelque bizarre qu'elle soit, démontre assez cependant que c'est surtout dans les pâturages humides et marécageux, que les bêtes ovines sont infestées de

distomes, car les deux plantes que nous venons de citer appar
tiennent presque exclusivement à la flore des marais et des endroits fréquemment inondés.

Distome cône. *Distoma conus* (Créplin). — *Amphistoma truncatum*
(Rud.). — Ce ver, qui habite le foie du phoque, a été trouvé très-abondam-
ment par M. Créplin dans le foie d'un chat domestique. Il paraît être très-
rare. Nous ne l'avons jamais observé, et nous nous bornerons à transcrire
la description qui est donnée par Dujardin. « Corps blanchâtre avec une
« tache brune ou jaune au milieu, long de $2^{mm},25$ à 4 millim., large de
« $0^{mm},75$ en avant et de $2^{mm},25$ au delà du milieu, oblong, déprimé ; par-
« tie antérieure (cou) amincie peu à peu en avant ou conique, un peu ex-
« cavée en dessous, formant la moitié de la longueur ; partie postérieure,
« presque droite d'abord, puis brusquement élargie et épaissie, comme
« tronquée à l'extrémité où se trouve un orifice terminal (qui a fait prendre
« cet helminthe pour un amphistome) ; ventouses petites, presque égales,
« orbiculaires, l'antérieure terminale, la postérieure située au milieu de la
« longueur et saillante ; deux testicules blancs, ovoïdes, situés en arrière ;
« ovaires blancs, situés sur les côtés et au milieu de la partie postérieure ;
« oviducte rempli d'œufs colorés formant une tache fauve appliquée en ar-
« rière de la ventouse postérieure ; intestin formant un arc entre les deux
« ventouses, et prolongé de chaque côté par une branche flexueuse, large,
« plus transparente que le reste du corps. »

Quelques espèces du genre distoma sont parasites de nos oiseaux de basse-cour, ce sont les suivantes :

Le *Distome ovale*, — *distoma ovatum* (Rud.), qui est long de 7 à 8 millimètres sur 2 millim. de large, et que l'on trouve dans une cavité muqueuse
communiquant avec le rectum et nommée bourse de Fabricius. Il existe
chez un grand nombre d'oiseaux et en particulier chez les gallinacés et les
palmipèdes de nos basses-cours.

Le *Distome élargi*, — *distoma dilatatum* (Miram), long de 7 à 8 millim.,
recueilli par Miram dans le rectum et dans les cæcums des poulets.

Le *Distome hérissé*, — *distoma echinatum* (Zeder), qui est long de 10 à
15 millim. et qui habite les intestins du canard domestique et de quelques
autres oiseaux aquatiques. Les expériences de MM. P. Gervais et van Bénéden ont démontré que cette espèce dérive du *cercaria brunnea*.

Le *Distome linéaire*, — *distoma lineare* (Rud.), long de 14 à 15 millim.,
vivant dans le gros intestin des poulets.

Enfin le *Distome oxycéphale*, — *distoma oxycephalum* (Rud,) qui est
long de 8 à 10 millim. et que l'on trouve dans l'intestin du canard domestique et de quelques autres oiseaux du même genre.

GENRE AMPHISTOME. *Amphistoma* (Rudolphi). — Corps blanc ou rougeâtre, musculeux, assez ferme, ovoïde, cylindroïde ou conoïde, souvent

courbé et deux ou trois fois plus long que large. Deux ventouses, l'une antérieure terminale, au fond de laquelle s'ouvre la bouche, l'autre postérieure terminale très-grande, comme tronquée obliquement et servant au ver à se fixer aux papilles ou à la muqueuse de l'intestin. Bouche terminale suivie d'un bulbe pharyngien et d'un œsophage droit qui aboutit dans un intestin à deux branches terminées en cæcums, et sans aucunes ramifications. Orifices génitaux contigus, situés au-dessous de l'œsophage. Deux testicules conglobés. Un pénis saillant assez court et conique. Ovaires en grappes occupant les parties latérales du corps. Utérus sinueux situé dans la partie médiane. Oviducte long et tubuleux. Œufs elliptiques laissant voir un embryon pourvu de cils vibratiles.

Amphistome des ruminants. *Amphistoma conicum* (Rud.). — Corps rosé nuancé en avant et en arrière de rouge plus foncé, long de 10 à 13 millim. épais, presque cylindrique en avant et se renflant insensiblement jusqu'à la partie postérieure qui est obtuse et tronquée obliquement. Ventouse buccale, urcéolée, très-petite, tout à fait terminale. Ventouse postérieure, large de 1 à 2 millim., presque globuleuse, excavée et assez profonde. Œufs elliptiques, longs de 0^{mm},15 à 0^{mm},16.

Cet amphistome vit dans le premier estomac des ruminants domestiques, ainsi que chez ceux qui vivent à l'état sauvage. On le trouve fixé par sa ventouse postérieure entre les papilles du rumen, surtout au voisinage de la gouttière œsophagienne. Daubenton est le premier qui ait signalé cet helminthe que beaucoup d'autres naturalistes ont trouvé depuis. Il a fourni à Laurer le sujet d'une monographie très-remarquable. On ne sait rien encore des migrations et des métamorphoses de l'*amphistoma conicum* (Rud).

M. Davaine signale encore chez le bœuf, l'*amphistoma crumeniferum* (Crép.) dont il n'indique pas l'habitation; et l'*amphistoma explanatum* (Crép.) qui se trouve dans les conduits et dans la vésicule biliaire. Jusqu'à présent nous n'avons pas eu occasion d'observer ces deux helminthes.

GENRE HOLOSTOME. *Holostoma* (Nitzch.). — Helminthes à corps divisé en deux parties, l'antérieure très-large, dilatée, membraneuse, limitée en arrière par une sorte d'étranglement, et souvent repliée latéralement de manière à faire fonction d'une large ventouse. Partie postérieure du corps épaisse et presque cylindrique, terminée par une cavité circulaire en forme de ventouse. Bouche petite, située au bord antérieur, suivie d'un bulbe œsophagien, d'un œsophage court, et d'un intestin à deux branches non ramifiées. Orifices génitaux distincts, l'orifice mâle situé un peu en arrière de la bifurcation de l'intestin, et l'orifice femelle un peu en arrière de celui-ci. Deux testicules. Œufs elliptiques, assez volumineux.

Holostome ailé, — *holostoma alatum* (Nitzch.) — *Hemistoma alatum* (P. Gerv. et van Bénéd.). — Ver long de 3 à 5 ou 6 millim., entièrement d'un blanc sale, à partie antérieure dilatée en cœur et formant comme une sorte de corne à droite et à gauche, à partie postérieure épaisse et cylindroïde. Bords membraneux de la partie antérieure ordinairement repliés ou enroulés longitudinalement de manière à former plus ou moins complétement une gouttière ou un tube ouvert obliquement en avant. Bouche petite. Organes génitaux contenus en partie dans deux lobes allongés, contigus, situés entre les ailes latérales. Œufs elliptiques, peu nombreux, longs de 0^{mm},115 à 0^{mm},120.

Cet helminthe dont on ne connaît pas le mode de développement habite l'intestin grêle du chien où il paraît être infiniment rare. Il est plus commun chez le renard et le loup.

On a signalé chez le canard (Anas boschas), un trématode du genre holostome, c'est l'*holostoma erraticum* (Duj.), qui habite le tube digestif et que l'on a même trouvé adhérent à la surface externe de l'intestin.

GENRE MONOSTOME. *Monostoma* (Rud.). — « Corps aplati, plus ou moins « élargi. Une seule ventouse antérieure contenant la bouche. Point de ven- « touse ventrale, un bulbe œsophagien musculeux, suivi d'un œsophage et « d'un intestin divisé en deux branches. Orifices génitaux contigus, placés « exactement au-dessous de la bifurcation de l'intestin. Testicules de forme « un peu irrégulière, situés de chaque côté vers la partie postérieure. « Ovaires formant deux grappes latérales. Utérus replié sur lui-même dans « le sens de la largeur. » (Blanchard).

Le genre monostome ne fournit point d'espèce parasite de nos mammifères domestiques. Kuhn a cependant signalé dans le péritoine du lapin un *monostoma leporis* qui paraît fort douteux à la plupart des helminthologistes. Quant aux autres espèces que nous nous contenterons de citer, elles sont parasites de nos oiseaux de basse-cour. Ce sont :

Le *monostoma mutabile* (Zed.) qui vit « dans les sinus sous-orbitaires, la « cavité abdominale, la trachée, la cavité du sternum, les poumons, les in- « testins, et jusque sous la membrane nyctitante » de l'oie domestique et de beaucoup d'autres oiseaux qui se plaisent au voisinage des eaux. C'est sur l'embryon de ce ver que M. de Siébold a fait les remarquables observations que nous avons rappelées dans nos généralités sur les trématodes.

Le *monostoma flavum* (Melhis), que l'on trouve dans la trachée, les bronches, les fosses nasales, et les sinus sous-orbitaires de diverses espèces du genre canard (Anas). Il dérive du cercaria ephemera (Nitzsch).

Le *monostoma verrucosum* (Zeder) — *monostoma triseriale* (P. Gervais et van Bénéden), qui habite les cæcums et le rectum de l'oie domestique, du canard domestique, du canard musqué, de plusieurs autres oiseaux aquatiques et même du coq. M. Créplin considère comme se rattachant à cette espèce le *monostoma lineare* (Rud.) et le *monostoma attenuatum* (Rud.) qui l'un et l'autre vivent également dans les cæcums des oiseaux du genre *anas* et qui, en particulier, ont été signalés chez le canard domestique.

Le *monostoma caryophyllinum* qui est long de 40 millim. et se trouve dans les intestins du canard domestique. M. Créplin suppose que ce ver pourrait bien n'être qu'un jeune botriocéphale.

III. ORDRE DES CESTOÏDES. — Les cestoïdes sont des vers qui, dans l'état où ils sont, lorsqu'ils habitent le tube digestif des vertébrés, se distinguent facilement de tous les autres helminthes, par leur corps multi-articulé, précédé d'une tête souvent pourvue de crochets, de ventouses ou d'autres organes de succion. Ils comprennent plusieurs genres qui diffèrent les uns des autres par des caractères assez tranchés, bien que cependant il soit facile de reconnaître que tous se rattachent par leur organisation à un seul et même type. Parmi ces genres, celui qui intéresse le plus particulièrement les vétérinaires, et l'on pourrait dire presque le seul qui offre réellement de l'intérêt pour eux, c'est le genre tænia. Comme c'est aussi celui que l'on a le mieux étudié, c'est lui que nous aurons uniquement en vue dans les généralités que nous allons tracer sur l'organisation des cestoïdes et sur leurs fonctions de reproduction. Plus loin, en signalant les quelques espèces dont nous aurons à parler dans un autre genre, nous aurons soin d'indiquer rapidement en quoi elles diffèrent des véritables tænias.

Dans l'état où ils sont le mieux connus, les vers du genre *tænia* se présentent le plus ordinairement sous la forme de longues bandelettes aplaties, formées par un nombre variable d'anneaux qui sont articulés les uns à la suite des autres. La partie antérieure du corps, presque toujours longuement effilée, porte la tête. Celle-ci est le plus souvent globuleuse, légèrement tétragone, et d'un diamètre un peu plus considérable que la partie du corps qui vient immédiatement après elle. Elle est toujours très-petite et son volume dépasse rarement celui d'une tête d'épingle ordinaire. Dans toutes les espèces, elle est pourvue de quatre ventouses distribuées symétriquement et correspondant aux quatre angles dont elle est munie. Ces ventouses, dans la composition desquelles entrent des fibres musculaires, sont susceptibles de varier un peu dans leur forme, non-seulement lorsqu'on les étudie sur des individus différents, mais encore lorsqu'on les examine sur le même tænia. En général, elles sont ovales ou orbiculaires, mais l'animal peut en les contractant dans un sens ou dans un autre donner une étendue plus ou moins considérable à chacun de leurs deux diamètres, de même que lorsqu'on les comprime pour les observer au microscope on peut aussi les modifier dans leur aspect. Chez les tænias des carnassiers, ainsi que chez le *tænia solium* (L.) de l'homme, on observe, au centre de la tête, entre les quatre ventouses, une proéminence convexe, saillante, peu prolongée en avant de la tête. Cette éminence à laquelle on a donné le nom de trompe est rétractile. Elle porte à sa surface une double couronne de crochets à l'aide desquels le parasite se fixe à la membrane muqueuse du tube digestif. Les crochets n'ont ni la même forme ni les mêmes dimensions dans toutes les espèces de tænias. Dans la plupart des cas leur partie libre, celle qui s'implante dans la membrane muqueuse, représente une lame de faucille ou de serpette convexe sur le dos, concave sur le bord opposé, et terminée en pointe aiguë. Au-dessous de cette *lame*, le crochet se prolonge en un *manche* qui constitue comme une apophyse inférieure sur laquelle viennent s'attacher les fibres contractiles destinées à le mouvoir. Enfin, à la base de la lame et du côté de la concavité, il existe encore une saillie particulière que l'on pourrait appeler une apophyse moyenne ou *garde* et sur laquelle s'insèrent également des fibres qui meuvent le crochet. Tous les crochets ne sont pas égaux, et dans la double couronne que présentent le plus grand nombre des tænias, on peut en distinguer des grands et des petits. Ils sont d'ailleurs disposés sur deux rangs, mais de telle sorte que les petits étant un peu plus élevés que les grands, les pointes des uns et des autres arrivent toutes à peu près au même niveau. Du reste, bien que cette forme soit celle qui se présente le plus souvent chez les tænias, elle n'est pas la seule qui se fasse observer, et chez le *tænia cucumerina* (Bloch.) du chien, comme chez le *tænia elliptica* (Batsch.) du chat, par exemple, les crochets, réduits à la partie que nous avons appelée la lame, n'ont plus ni apophyse inférieure, ni apophyse moyenne, mais ils s'élargissent en une base assez étendue, par laquelle ils sont fixés à la trompe, et offrent, ainsi que le fait remarqner Dujardin, la forme d'aiguillons de rosier. Chez quelques espèces de tænias, et particulièrement chez celles qui habitent le tube digestif de nos herbivores domestiques, on ne trouve ni crochets ni trompe ; la place de celle-ci étant occupée par une dépression plus ou moins marquée.

En arrière des ventouses, la tête se rétrécit pour former une espèce de cou plus ou moins allongé. A partir de ce point apparaissent les articles qui par leur ensemble composent la totalité du corps. En général les premiers articles sont courts et étroits, de telle sorte que toute la partie antérieure du corps est mince et presque filiforme. Bientôt cependant, et au fur et à mesure que l'on s'approche de l'extrémité postérieure, on voit les anneaux prendre peu à peu des dimensions plus considérables en largeur et en longueur, jusqu'à ce qu'enfin ils aient acquis le développement normal, et la configuration propre à l'espèce de tænia dont ils font partie. Nous reviendrons plus loin sur les modifications de formes particulières à chaque espèce, mais nous ferons observer, dès à présent, que lorsqu'on étudie un tænia duquel ne s'est encore détaché aucun anneau, il arrive souvent que le dernier article porte à son bord postérieur une échancrure que M. de Siébold a appelée la *cicatrice terminale*. Cette échancrure n'est autre chose que la trace persistante de la séparation qui s'est faite à une certaine époque entre le tænia et la vésicule sur laquelle il a pris naissance.

Bien que les tænias soient placés sur l'un des degrés inférieurs de l'échelle zoologique, ils n'en sont pas moins pourvus d'un système nerveux qui a été décrit avec une minutieuse exactitude par M. Blanchard. Lorsque l'on dissèque la tête du tænia du cheval, « on découvre bientôt dans la partie centrale, dit cet « habile zoologiste, une bandelette offrant à chaque extrémité « un renflement ganglionnaire peu considérable, mais néan- « moins très-distinct ; de chacun de ces ganglions on suit deux « filets nerveux rejoignant un centre médullaire situé exacte- « ment à la base de chacune des quatre ventouses. Ces centres « nerveux sont assez gros pour être isolés complétement sans « de grandes difficultés. Ils fournissent plusieurs filets nerveux « dont deux entourent presque complétement la ventouse. En « outre, les petits ganglions médians donnent encore plusieurs « nerfs très-grêles aux parties latérales de la tête, et en arrière « ils fournissent chacun deux nerfs d'une extrême ténuité des- « cendant dans toute la longueur du corps de chaque côté de « l'un et l'autre canal gastrique. »

Le même auteur a signalé, chez les cestoïdes, l'existence d'un appareil digestif et d'un appareil circulatoire. D'après lui, l'appareil digestif serait représenté par deux longs tubes qui, situés sur les deux côtés du corps, s'étendent, en passant sans interruption d'un anneau à l'autre, depuis la tête jusqu'à l'extrémité postérieure. M. Blanchard a injecté ces tubes auxquels il a reconnu des parois propres. On peut facilement les voir par transparence et sans avoir recours à l'injection chez certaines espèces de tænias, et particulièrement chez le *tænia perfoliata* (Gœze) du cheval. Ils sont droits ou un peu sinueux, et, dans chaque article, ils communiquent l'un avec l'autre à l'aide d'un tube transversal qui longe le bord postérieur de l'anneau. Dans la tête, d'après M. Blanchard, ces deux tubes viennent s'ouvrir dans une espèce de lacune placée en arrière des ventouses. Ce serait donc par les ventouses que se ferait l'absorption des sucs nécessaires à la vie et à l'accroissement des vers. Mais n'oublions pas que les ventouses sont imperforées et que par conséquent, si l'absorption se fait par cette voie, il faut nécessairement que les liquides pénètrent à travers la membrane qui entre dans la composition de ces organes.

Quant à l'appareil circulatoire, M. Blanchard a décrit comme tel quatre tubes très-grêles dont deux presque accolés aux tubes gastriques, les suivent dans tout leur trajet, tandis que les deux autres plus rapprochés de la ligne médiane descendent parallèlement aux premiers jusqu'aux derniers anneaux. Du reste, les uns et les autres fournissent de nombreuses branches latérales qui s'anastomosent entre elles, de telle sorte que tout l'appareil vasculaire représente un réseau anastomotique très-uniforme, régnant dans tous les anneaux qui composent le corps de l'animal. Toutefois, nous devons nous hâter de le dire, l'opinion de M. Blanchard sur la nature des appareils que nous venons de citer n'est point partagée par tous les helminthologistes. M. van Bénéden, par exemple, refuse de reconnaître chez les tænias l'existence d'un appareil digestif et d'un appareil vasculaire, et pour lui ce que M. Blanchard a décrit sous ces deux noms n'est pas autre chose qu'un appareil de sécrétion qui, naissant en avant par de fines ramifications semblables à des racines ou à des rameaux, se compose, dans toute la longueur du corps, des deux tubes principaux que M. Blanchard a appelés des tubes gastriques, et des tubes plus grêles qu'il a pris pour des vaisseaux, puis se termine en arrière, lorsque le tænia est encore complet en une vésicule unique, contractile à la manière du cœur chez les articulés inférieurs. Du reste, cette vésicule verse directement au dehors par une ouverture que l'on nomme le *Foramen caudale* un liquide blanc et limpide, chargé de globules, qui n'est autre chose que le produit de sécrétion fourni par tout l'appareil auquel M. van Bénéden a définitivement assigné des fonctions analogues à celles des reins. Il ne nous appartient pas de chercher à émettre une opinion en présence de deux autorités aussi imposantes que celles que nous venons de citer. Du reste, au point de vue où nous sommes placé dans ce travail, la solution de cette question n'offre qu'une importance bien médiocre, et nous nous hâtons d'arriver à l'étude des organes et des fonctions de reproduction, qui sont au contraire dignes de fixer au plus haut point l'attention du pathologiste.

Les tænias, lorsqu'ils sont suffisamment développés, présentent tout à la fois des organes mâles et des organes femelles. Les premiers anneaux qui viennent immédiatement après la tête, dans une longueur variable suivant les espèces et même suivant les individus, sont entièrement dépourvus d'organes sexuels. Ce n'est donc qu'à une certaine distance en arrière de la tête que l'on commence à apercevoir les premiers vestiges de ces organes. Généralement dès que l'appareil sexuel commence à se former, et avant même qu'il ait acquis son complet développement, on voit sur les bords des anneaux qui en sont pourvus des tubercules saillants, percés à leur centre d'un orifice établissant une communication entre le dehors et les organes génitaux. Ces tubercules sont rarement tournés tous du même côté; le plus souvent au contraire ils sont placés alternativement d'un côté et de l'autre, sans que cependant on puisse observer, dans cette alternance, une régularité bien constante, puisqu'il n'est pas rare de rencontrer sur un même tænia plusieurs anneaux successifs qui présentent tous, du même côté, le tubercule et l'orifice des organes génitaux. Quoi qu'il en soit, la présence de ce tubercule est toujours l'indice du développement plus ou moins parfait des organes génitaux, que l'on voit souvent apparaître, plus ou moins nettement et par transparence, à travers les téguments. Dès que les anneaux sont adultes, chacun d'eux possède des organes sexuels tout à fait indépendants de ceux qui sont contenus dans les anneaux voisins. Parfois il arrive que les anneaux sont unisexués. Chez le *tænia perfoliata* (Gœze) du cheval, par exemple, les premiers anneaux qui portent des organes sexuels sont exclusivement mâles, tandis que chez les derniers le testicule entièrement effacé a fait place à l'ovaire et à l'utérus. Cela résulte de ce que l'organe mâle est toujours le premier à se former, et qu'il semble s'atrophier peu à peu après que la fécondation s'est opérée. Cependant, dans la plupart des cas, on trouve encore chaque anneau pourvu tout à la fois d'organes mâles plus ou moins bien conservés, et d'organes femelles d'autant plus envahis par les œufs que l'anneau est plus âgé. Le testicule peut varier un peu dans son aspect. La partie qui sécrète le sperme, et dans laquelle par conséquent se développent les spermatozoïdes, est constituée par un certain nombre de vésicules qui se montrent avant tout autre organe et qui sont situées vers la partie moyenne de l'anneau. De ces vésicules naissent des canaux qui se réunissent en un seul tube excréteur. Celui-ci est pelotonné et replié de différentes manières et plus ou moins engagé au milieu des branches de l'ovaire, ou de l'espace occupé par cet organe. Ce tube destiné au passage du sperme, s'engage bientôt dans une cavité particulière, espèce de vestibule commun des organes génitaux, creusé en partie dans le tubercule saillant dont nous avons parlé plus haut. Enfin l'extrémité libre de ce canal déférent, que l'on voit souvent faire saillie au dehors par l'orifice des organes génitaux, constitue la verge ou le spicule et complète ainsi l'ensemble de l'appareil des organes mâles. Ajoutons que ce spicule est rétractile et qu'il n'est pas rare de le trouver rentré en lui-même à la manière d'un doigt de gant.

L'appareil des organes femelles est beaucoup plus complexe que le testicule. Il existe en effet dans chaque anneau : 1° un organe double, symétrique, placé en arrière et multilobé, qui est le véritable ovaire ou le *germigène*; il produit les vésicules germinatives; 2° un autre organe, souvent en forme de grappe, placé à droite et à gauche sur le trajet d'un canal souvent imperceptible et produisant le vitellus, c'est le *vitelligène;* 3° une sorte de *matrice* où chaque masse vitelline se revêt de sa coque, et 4° enfin un long *vagin* qui apporte le sperme au point où les vésicules germinatives, sortant du germigène, s'enveloppent une à une du vitellus, pour passer ensuite dans la matrice. Au fur et à mesure que l'anneau se développe, celle-ci se distend de plus en plus par suite de l'accumulation des œufs et présente alors des formes qui varient avec les espèces. Chez le *tænia solium* (L.) de l'homme, et chez la plupart des autres espèces à trompe armée d'une double couronne de crochets, la matrice se compose d'un tube longitudinal s'étendant, dans le plan médian, du bord antérieur au bord postérieur de l'anneau, et donnant naissance sur ses côtés à des ramifications simples ou un peu rameuses que l'on voit toutes se terminer en cæcums à une certaine distance de chacun des bords latéraux de l'anneau. Cette poche communique avec le vestibule des organes génitaux par le vagin, conduit très-grêle, qui d'une part vient s'ouvrir sur l'un des côtés de ce vestibule et qui de l'autre se met en communication avec le germigène et le vitelligène, en donnant naissance à une petite ampoule que l'on a comparée à la vésicule copulatrice de certains articulés, et dont l'usage est de tenir en réserve le sperme destiné à la fécondation des œufs au fur et à mesure qu'ils se forment. Chez le *tænia perfoliata* (Gœze) du cheval, l'appareil génital femelle offre à peu près la même forme, mais il prend une disposition inverse puisque le tube médian, au lieu d'être longitudinal, est placé transversalement dans le centre de l'anneau. Enfin chez le *tænia cucumerina* (Bloch.) du chien ainsi que chez le *tænia elliptica* (Batsch.) du chat, la matrice est une vaste poche qui occupe la presque totalité de l'anneau, et ne présente point les ramifications plus ou moins compliquées que nous venons d'indiquer dans les autres espèces. Le germigène et le vitelligène s'effacent souvent, sous l'influence de l'extension extraordinaire que prend la matrice, dans l'anneau qu'elle ne tarde pas à occuper presque tout entier : le vagin au contraire demeure assez ordinairement visible même chez les anneaux remplis d'œufs. Il s'offre alors sous l'aspect d'un tube très-grêle, arqué, à convexité antérieure et interne, que l'on voit s'étendre du vestibule génital à la vésicule copulatrice, qui parfois ne reste pas bien distincte.

Quelle que soit d'ailleurs la forme de la matrice, quand les anneaux sont complétement développés on trouve toujours cette poche remplie d'une innombrable quantité d'œufs. Ceux-ci sont circulaires ou de forme légèrement ovale et d'un volume microscopique, puisque ceux du *tænia serrata* (Gœze) ont un diamètre qui ne ne va pas au delà de $0^{mm},036$ à $0^{mm},040$. Ils sont pourvus de trois, de deux ou plus rarement d'une seule enveloppe, et dans les espèces où ces enveloppes sont suffisamment transparentes, on observe dans leur centre, à l'époque où ils sont normalement expulsés des organes génitaux, un embryon de forme circulaire ou ovalaire, muni de six petits crochets disposés par paires, qui seront pour lui au moment de l'éclosion de véritables organes de locomotion. Souvent il est facile de voir cet embryon agiter ses crochets, et se mouvoir lui-même dans l'intérieur de l'œuf où il est renfermé. Les œufs du *tænia cucumerina* (Bloch.) et surtout ceux d'une espèce que nous avons nommée *tænia-pseudo-cucumerina* sont particulièrement propres à ce genre d'observation, à cause de la grande transparence de la membrane unique qui forme les parois de l'œuf. Ces mouvements ne se produisent pas seulement au moment où les œufs sont sortis de l'ovaire; ils persistent pendant plusieurs jours, et il m'est arrivé de les constater encore de la manière la plus évidente sur des œufs du *tænia-pseudo-cucumerina* (Nob.) que j'avais tirés d'anneaux conservés dans l'eau pendant dix-huit jours d'hiver, et qui même s'étaient trouvés engagés pendant plus de vingt-quatre heures dans une couche de glace de deux ou trois centimètres d'épaisseur. Rien ne saurait mieux prouver combien la vie est tenace chez ces petits êtres qui pourtant sont destinés à périr en grand nombre, faute de pouvoir rencontrer les conditions indispensables à leur développement ultérieur.

La conservation des espèces dans le genre tænia est bien évidemment assurée par l'innombrable quantité d'œufs que l'on trouve dans chacun des articles de ces petits animaux. Lorsqu'on étudie leurs organes de reproduction, on se sent effrayé de la prodigieuse quantité de germes qu'ils renferment. Dujardin, comme nous l'avons dit déjà, n'évalue pas à moins de vingt-cinq millions le nombre des œufs qui peuvent être produits par un seul *tænia serrata* (Gœze). Et pourtant c'est en présence de cette merveilleuse fécondité que l'on n'a pas craint de choisir les cestoïdes pour les citer comme des exemples de la génération spontanée!

Les cestoïdes à l'état de vers rubanaires se rencontrent exclusivement dans les voies digestives des animaux vertébrés. Si parmi les animaux de l'ordre auquel ils appartiennent, ils avaient seuls attiré l'attention des médecins et des naturalistes, il est probable que jamais on n'aurait pensé à invoquer l'hétérogénie pour expliquer leur présence, puisqu'on ne les trouve que dans des organes qui sont en libre communication avec le monde extérieur, et dans lesquels leurs germes ont pu facilement être portés. Mais les vers à l'état rubanaire ne sont pas les seuls cestoïdes qui existent dans l'organisme de l'homme et des animaux. Souvent on rencontre chez les animaux et parfois même chez l'homme, dans des cavités closes de toutes parts comme le crâne et le péritoine, dans le tissu cellulaire des muscles, dans le parenchyme de certains organes comme le foie et le poumon, des vers particuliers qui par leur organisation ont la plus grande affinité avec les vers rubanaires de l'intestin, et qui cependant en diffèrent assez, pour que les naturalistes aient cru devoir, jusque dans ces dernières années, les distinguer des autres cestoïdes sous le nom de *cystiques* ou de *vers à vessie*. Tels sont les *cysticerques*, les *cœnures* et les *échinocoques*.

Les *cysticerques* sont formés par des ampoules ou des vessies à parois diaphanes dont le volume et la forme varient dans les différentes espèces, et souvent aussi dans les individus d'une même espèce. La cavité de ces ampoules renferme un liquide albumineux plus ou moins limpide. La membrane qui circonscrit la cavité est demi-transparente, mince, très-fine, de texture granuleuse, et manifestement contractile. Si le cysticerque est bien développé, il existe sur l'un des points de cette membrane un corps blanchâtre, opaque, ridé transversalement, et faisant à la surface de l'ampoule une saillie plus ou moins prononcée. Si l'on examine ce corps après l'avoir convenablement préparé, on reconnaît qu'il présente dans sa partie antérieure tous les caractères de la tête d'un tænia et que, comme elle, il est muni de quatre ventouses, d'une trompe et d'une double couronne de crochets. Un cysticerque n'est donc pas autre chose qu'une ampoule membraneuse vivante, remplie de liquide à l'intérieur, et portant, sur l'un des points de sa surface, la partie antérieure du corps d'un tænia. Seulement le ver se trouvant ici dans un état où les différentes parties de la tête sont encore inutiles à son développement actuel, comme à l'entretien de la vie, la partie antérieure du corps est invaginée en elle-même, de telle sorte qu'à l'extrémité du mamelon qui fait saillie à la surface de l'ampoule, on ne voit pas autre chose qu'une fente à laquelle fait suite une sorte de canal plus ou moins allongé. C'est au fond de ce canal que se trouve la tête, et il faut nécessairement l'en faire sortir, lorsque l'on veut en étudier les caractères et l'organisation. Les cysticerques sont rarement libres au sein des tissus ou des organes dans lesquels ils sont répandus. Le plus ordinairement chacun d'eux est enveloppé d'un kyste formé aux dépens de l'animal sur lequel il vit. Il n'est pas absolument rare cependant de rencontrer deux ou un plus grand nombre de cysticerques renfermés dans un même kyste qui prend alors un volume en rapport avec le nombre d'individus qu'il contient. Les cysticerques peuvent habiter plusieurs organes de nos animaux domestiques. C'est ainsi que l'on trouve le *cysticercus tenuicollis* (Rud.) dans le péritoine, et plus rarement dans le foie et même dans le tissu du poumon des ruminants ; le *cysticercus fistularis* (Rud.) dans le péritoine du cheval ; le *cysticercus pisiformis* (Zéder) dans le péritoine et le foie du lapin ; le *cysticercus cellulosæ* (Rud.) dans le tissu cellulaire du porc, et le *cysticercus fasciolaris* (Rud.) dans le foie des petits rongeurs du genre *mus* si communément répandus dans nos habitations.

Comme les cysticerques, le *cœnure, cœnurus cerebralis* (Rud.), est un ver vésiculaire. Il est formé d'une ampoule dont le volume est très-variable et dont la membrane offre le même aspect que celle qui constitue la vessie des cysticerques. Mais l'ampoule du cœnure diffère de celle des cysticerques par un caractère bien remarquable : au lieu de porter à sa surface une seule tête de cestoïde, elle est revêtue d'un nombre assez élevé de petits ténioïdes qui, à part leur volume beaucoup moindre, ressemblent en tout à celui que l'on rencontre seul chez un cysticerque. Du reste, ces petits êtres sont adhérents à la membrane qui les porte et paraissent ne pas s'en détacher tant que celle-ci reste au sein de l'organe sur lequel elle s'est développée. Chacun d'eux est comme enveloppé dans une sorte de sac que lui forme une invagination de la membrane de la vésicule, et tous, dans cet état, ils font saillie dans l'intérieur même de l'ampoule; mais on comprend cependant qu'ils sont disposés de telle sorte que, s'ils tentaient de faire sortir leur tête de l'état d'invagination dans lequel elle se trouve, celle-ci ne pourrait jamais faire saillie qu'en dehors de la vésicule. Les ténioïdes du cœnure sont assez inégalement groupés à la surface de la membrane ; il y a des espaces qui en sont entièrement dépourvus, et d'autres, au contraire, où on les voit agglomérés et pressés en grand nombre. Enfin ils ne sont pas tous au même degré de développement, et tandis qu'il en est qui sont entièrement formés, il en est d'autres qui sont encore, si l'on peut ainsi parler, tout à fait à l'état rudimentaire. Le cœnure se rencontre dans le crâne des ruminants, à la surface du cerveau ou dans l'intérieur de ses ventricules, et c'est uniquement à sa présence qu'il faut rattacher la cause de la funeste maladie connue sous le nom de *tournis*. Une autre espèce, fort rapprochée de celle que nous venons de décrire, existe parfois au milieu du tissu cellulaire, dans les muscles, chez le lapin. M. P. Gervais l'a nommée *cœnurus serialis*.

Les *échinocoques* sont comme les cœnures des cystiques polycéphales. Chacun d'eux est constitué par une ampoule, variable dans sa forme et dans son volume, et dont la membrane porte, fixés à sa face interne par de petits pédicelles, des ténioïdes qui, entre autres caractères, diffèrent surtout de ceux du cœnure par la propriété qu'ils ont de se détacher de la membrane qui les porte lorsqu'ils ont acquis leur complet développement. Ils tombent alors dans la cavité de la vésicule, et nagent librement dans le liquide albumineux dont celle-ci est remplie. Mais ce qui distingue encore l'échinocoque du cœnure, c'est que sa vésicule jouit souvent de la propriété remarquable de produire d'autres ampoules semblables à elle, qui, tombant dans sa cavité, deviennent à leur tour autant de nourrices capables de faire naître comme celle dont elles dérivent de jeunes ténioïdes ou de nouvelles ampoules. On voit même parfois des vésicules d'échinocoque qui produisent des ampoules, non-seulement par leur surface intérieure, mais encore par leur surface extérieure. Dans ce dernier cas, les ampoules nouvellement produites restent, au moins pendant un certain temps, adhérentes à la membrane mère par un simple pédicelle plus ou moins allongé. De là les variétés diverses qui ont été signalées dans les échinocoques. D'après M. Davaine, l'organisation des échinocoques serait plus compliquée qu'on ne l'a supposé jusqu'à ce jour. Des recherches de ce savant médecin, il semble résulter en effet que l'enveloppe de la vésicule se compose de deux membranes distinctes. L'externe, à laquelle il donne le nom de *membrane hydatique* ou *d'hydatide*, formée de lames minces, sratifiées, jouit seule de la propriété de produire de nouvelles ampoules organisées comme elle et possédant au même degré la force productrice. L'interne, qu'il appelle la *membrane germinale*, est produite par la première qu'elle tapisse plus ou moins exactement sans cependant contracter avec elle une adhérence intime. Elle est analogue à la vésicule du cœnure et seule elle jouit du pouvoir de faire naître les jeunes cestoïdes que l'on trouve si souvent, les uns encore adhérents, les autres libres dans le liquide des échinocoques. Il n'est pas nécessaire d'ajouter qu'elle se forme aussi dans chacune des ampoules que produit l'hydatide. La vésicule extérieure de l'échinocoque est toujours environnée d'un kyste formé par les tissus au sein desquels elle s'est développée. Du reste, ces singuliers parasites se trouvent dans les organes parenchymateux, et particulièrement dans le poumon et dans le foie de nos animaux de boucherie. Il est facile de comprendre que leur présence dans ces organes peut déterminer les maladies les plus graves.

Tels sont les trois types auxquels on peut rattacher tous les vers cystiques de nos mammifères domestiques. De ces types les anciens naturalistes avaient formé trois genres distincts, et si aujourd'hui les progrès de la science ne permettent plus de conserver en zoologie ces trois coupes génériques, il n'en est pas moins utile de se servir encore des noms qui leur avaient été donnés, et de bien en limiter la valeur et la signification.

Tous les cystiques ont un caractère commun sur lequel il est nécessaire d'insister ; ils sont tous absolument dépourvus d'organes de la reproduction, car chacun d'eux ne représente que la partie antérieure du corps d'un tænia dans laquelle nous savons déjà qu'il n'existe point d'appareil génital, et, de plus, ce serait en vain que dans l'ampoule on chercherait à découvrir des testicules ou des ovaires. Si l'on rapproche cette circonstance de cet autre fait, que l'on ne rencontre les cystiques que dans des cavités closes de toutes parts, ou dans des organes qui n'offrent avec le monde extérieur aucune communication, on est moins étonné d'apprendre que leur production ait été attribuée à la génération spontanée. Aujourd'hui cependant cette opinion perd du terrain; la plupart des naturalistes de notre époque ne l'acceptent plus, et si les pathologistes ont pu la regarder comme vraie, les expériences de van Bénéden, Küchenmeister, Siébold, Leuckart, Haubner, et les nôtres ont dû ébranler leurs convictions sur ce sujet. Ces expériences ont démontré, en effet, que les vers agames que l'on a désignés sous le nom de cystiques ne sont que des formes particulières par lesquelles doivent passer les tænias avant d'arriver à l'état de vers sexués : car la reproduction de ces animaux, de même que celle des distomaires que nous avons déjà étudiée, se rattache par tous les phénomènes qui l'accompagnent à la génération alternante.

Lorsque les tænias existent à l'état de vers rubanaires dans l'intestin des animaux vertébrés, ils sont formés, ainsi que nous l'avons dit, d'un nombre plus ou moins considérable d'anneaux articulés les uns à la suite des autres. Les plus postérieurs de ces anneaux sont les premiers formés, et quand l'animal est suffisamment développé, ils contiennent des organes génitaux mâles et femelles. D'après les observations de M. van Bénéden, chaque anneau paraît apte à se féconder lui-même, et le pénis s'introduisant dans le long vagin que nous avons décrit, y verse le sperme, qui se met en réserve dans la poche copulatrice, pour être utilisé plus tard à la fécondation des œufs. Il ne semble pas qu'il y ait jamais accouplement entre deux anneaux différents; cependant le fait n'est pas absolument impossible, et l'on pourrait même supposer qu'il doit nécessairement avoir lieu de cette manière quand les anneaux sont unisexués, si l'on ne savait que chaque anneau étant d'abord mâle, puis femelle, les œufs y trouvent le sperme tout préparé au moment où ils commencent à apparaître. Quoi qu'il en soit, lorsque les œufs, après avoir été fécondés, sont arrivés à leur maturité, ils ne sont point expulsés par le vagin. On voit alors, dans la plupart des cas, les derniers anneaux distendus en quelque sorte par les œufs qu'ils contiennent se détacher spontanément du tænia dont ils ont fait partie jusqu'alors, et continuer à vivre tout à fait indépendants. Ces anneaux qui se détachent à l'époque de la maturité ont reçu de M. van Bénéden le nom de *proglottis*, et sont considérés par lui comme constituant un animal complet arrivé à l'âge adulte. Les proglottis sont ordinairement expulsés de l'intestin avec les matières fécales ; souvent ils conservent la faculté de se mouvoir, et, se traînant à la surface du sol, surtout lorsqu'il est humide, ils répandent, par leurs extrémités qui se sont déchirées en partie au moment de leur séparation, les œufs innombrables dont ils sont remplis. Cette dissémination des œufs peut commencer à avoir lieu dans l'intestin lui-même et se continuer ensuite au dehors. Mais dans ce cas les œufs n'éclosent pas dans l'intestin, ils sont rejetés par l'anus, et partagent le sort de ceux que le proglottis a entraînés avec lui. Tous ces œufs ne sont pas destinés à éclore. Ceux d'entre eux qui rencontrent des conditions favorables, et particulièrement de l'humidité, peuvent demeurer vivants pendant un certain temps : les autres se dessèchent et sont perdus pour la conservation de l'espèce. Mais il ne suffit pas que les œufs demeurent intacts, il faut encore, pour qu'ils puissent éclore, qu'ils soient portés dans l'organisme d'un animal d'une espèce déterminée et toujours différente de celle à laquelle appartenait l'hôte du ver rubanaire. Or, ce transport ne peut se faire que d'une manière passive, et c'est seulement quand les animaux viennent prendre leurs boissons ou leurs aliments dans les endroits souillés par les proglottis, qu'il leur arrive d'introduire dans le tube digestif des œufs de tænias. Ces œufs sont-ils portés dans l'intestin d'un animal impropre à favoriser le développement de l'embryon qu'ils contiennent, l'éclosion n'a pas lieu, ou tout au moins si l'œuf éclôt, l'embryon ne tarde pas à périr faute de trouver les conditions indispensables à son existence ; sont-ils parvenus, au contraire, dans le tube digestif d'un animal propre à favoriser leur développement, l'embryon sort de l'œuf et ne tarde pas à s'ouvrir une voie jusque vers le point où il doit subir sa première métamorphose. L'embryon, au moment où il éclôt, reçoit de M. van Bénéden le nom de *proscolex*. Nous avons vu que dans l'intérieur de l'œuf il était armé de trois paires de crochets. Ceux-ci vont devenir pour lui des organes de progression. La disposition et la forme de ces crochets, les mouvements qu'on leur voit opérer dans les œufs de certaines espèces, suffiraient pour faire comprendre le mécanisme suivant lequel ils agissent, si M. van Bénéden n'avait été à même d'observer de ses yeux la marche des proscolex du *tænia dispar* (Gœz.), trouvé dans l'intestin d'une grenouille. « J'ai essayé, dit cet habile « observateur, de faire éclore ces œufs artificiellement, comme « je l'ai fait, il y a cinq ans, sur les linguatules, en les écrasant « entre deux lames de verre ; cela m'a également réussi. Au « milieu d'un grand nombre d'embryons et d'œufs complétement

« écrasés, quelques-uns jouissaient de toute la liberté de leurs
« mouvements, et voici ce qu'ils m'ont permis de reconnaître.

« Les mouvements de tous ces embryons libres sont les mêmes :
« ils sont donc l'effet d'un état normal. Les six crochets sont
« exactement disposés de la même manière dans tous les indi-
« vidus ; il y en a deux au milieu et en avant, et quatre autres
« sont placés avec symétrie par couples, à droite et à gauche
« des premiers. Ces six crochets ne sont pas tous semblables,
« comme on l'a cru jusqu'à présent ; leur forme et leur longueur
« sont variables. Ceux qui occupent le milieu ne sont pas
« recourbés au bout comme les autres ; ils sont droits, très-
« effilés, plus grêles dans toute leur longueur, et en même temps
« un peu plus longs. Les quatre latéraux, disposés par paires,
« sont tous semblables entre eux ; ils sont formés de deux par-
« ties ; un talon droit et assez long, et une partie terminale
« recourbée en forme de crochet, avec la concavité placée en
« arrière. Les deux crochets paires se touchent à leur base,
« mais s'écartent au sommet comme un éventail. Voici mainte-
« nant le jeu de ces organes : il est sous-entendu que les em-
« bryons se trouvent au milieu du tissu écrasé du *proglottis*, les
« six crochets sont réunis en faisceaux, et plongent dans le tissu
« qui se trouve au devant d'eux ; les deux du milieu, qui sont
« droits, restent en place, mais les deux couples, avec leurs
« pointes recourbées en arrière, se meuvent d'avant en arrière,
« la base restant à peu près en place, mais le sommet décrivant
« un quart de cercle : ces derniers s'arrêtent en formant avec
« les deux crochets du milieu un angle droit. Après un moment
« de repos, l'embryon se contracte, les crochets paires changent
« de place, et on les retrouve dans leur situation première. La
« même opération recommence et se répète pendant des heures.
« Le ver pénètre donc dans les tissus, par les deux stylets du
« milieu, et les deux paires prenant leur point d'appui en avant
« dans l'épaisseur des organes, fraient un passage à tout l'em-
« bryon. Si l'on songe maintenant que ces embryons ne dépassent
« guère en volume un globule du sang de la grenouille, on
« comprendra aisément qu'ils perforent les parois de l'intestin
« pour s'enkyster sous le péritoine ou pénétrer dans les vais-
« seaux et se répandre avec le sang dans divers viscères sans en
« excepter le cerveau ni les yeux. »

C'est donc à l'aide de leurs crochets et à la faveur de leur
volume microscopique que les proscolex cheminent à travers les
tissus. Guidés sans doute par l'instinct, ils se dirigent vers l'or-

gane où doit s'accomplir leur première métamorphose ; mais il arrive souvent que le cours du sang n'est pas étranger à leur transport. M. Leuckart a, en effet, retrouvé dans la veine porte du lapin des embryons du *tœnia serrata*. On conçoit facilement d'ailleurs que, dans leur progression à travers les tissus, les proscolex peuvent rencontrer un vaisseau, en traverser les parois et se trouver ainsi plongés dans le sang qui les emporte avec lui et les dépose dans les vaisseaux capillaires d'un trop faible diamètre pour leur permettre le passage. Le ver sort sans doute alors du vaisseau de la même manière qu'il y est entré. S'il est parvenu au terme de son voyage, il demeure en repos et subit une transformation ; si, au contraire, il n'est pas encore dans un tissu favorable à son développement ultérieur, on peut croire qu'il essaie de nouveau à progresser, comme aussi on peut penser qu'il s'arrête et cesse de vivre. Tous les proscolex, en effet, ne parviennent pas à atteindre l'organe ou le tissu dans lequel leur développement peut se faire. MM. Küchenmeister et van Bénéden ont constaté que, dans les expériences où l'on cherche à provoquer l'apparition du *cœnurus cerebralis* (Rud.) chez le mouton, un certain nombre de proscolex s'égarent et s'arrêtent dans le tissu des muscles, du diaphragme, de l'estomac, du cœur, du poumon, de l'œsophage, où ils ne tardent pas à s'enkyster. Nous avons nous-même trouvé des traces évidentes du passage des proscolex à travers les tissus dans des expériences que nous avons faites sur le cœnure et le cysticerque des ruminants et sur le cysticerque du lapin. Il serait curieux de rechercher si dans quelques cas ces embryons égarés ne pourraient pas devenir le point de départ de lésions graves au sein des organes où ils sont arrêtés.

Dès que le proscolex s'est arrêté dans un tissu ou dans un organe où il trouve les conditions favorables à son développement ultérieur, il commence à se modifier, et bientôt on trouve à sa place une vésicule d'une forme et d'un volume variables suivant les espèces. La membrane qui forme les parois de cette vésicule est granuleuse, demi-transparente, et jouit de la propriété de se contracter et de manifester une certaine sensibilité. Quant à la cavité de la vésicule, elle est remplie d'un liquide albumineux et transparent. D'après MM. Alp. Milne-Edwards et Léon Vaillant, cette vésicule ne serait autre chose que le proscolex lui-même accru et modifié. Quoi qu'il en soit, elle se montre tout d'abord avec un aspect qui est uniformément le même dans tous les points de sa surface, et si l'on fait à la reproduction des cestoïdes l'application des idées de Steenstrup sur la génération alternante, on ne peut s'empêcher de reconnaître en elle une véritable *nourrice*. En effet, elle est dépourvue d'organes sexuels, elle dérive de l'embryon d'un œuf de tænia, et cependant elle ne reproduit dans son organisation aucun des caractères de l'animal sexué qui lui a donné naissance.

La vésicule commence à remplir son rôle de nourrice à dater de l'instant où elle est entièrement constituée. En rapprochant les unes des autres les observations qu'il m'a été permis de faire sur un grand nombre de cystiques recueillis, à différentes époques, dans les organes de lapins et de ruminants de diverses espèces, j'ai pu me faire une idée du mode suivant lequel elle produit un animal plus parfait. Si donc la vésicule doit devenir l'un de ces vers cystiques que les anciens zoologistes plaçaient dans le genre cysticerque, on voit d'abord apparaître sur l'un des points de sa surface une tache blanchâtre qui en trouble la transparence et qui, examinée au microscope, correspond à une dépression encore peu profonde de la membrane de la vésicule. Plus tard la membrane se déprime davantage dans ce même point, et au fond de l'infundibulum qui s'est formé, l'examen microscopique fait reconnaître les premiers rudiments de la tête d'un tænia avec ses quatre ventouses encore imparfaitement dessinées. Les crochets ne sont point encore formés, mais ils ne tardent pas cependant à apparaître, représentés d'abord par une lame grêle et fortement arquée, qui peu à peu prend sa forme définitive en même temps que s'ajoutent à sa base d'abord l'apophyse moyenne ou la garde, et en dernier lieu l'apophyse inférieure. Bientôt enfin la tête du cestoïde est entièrement constituée, et le parasite qui a revêtu la forme d'un cysticerque, et dont le corps est alors rempli d'une quantité innombrable de corpuscules calcaires particuliers, n'a plus qu'à attendre qu'une circonstance favorable le fasse passer dans l'intestin d'un carnassier où il subira d'autres transformations. L'état dans lequel se trouve le cysticerque n'est en effet qu'un état transitoire. M. van Bénéden, dans sa nomenclature, a désigné cet état par une dénomination particulière, et il a donné le nom de *scolex* à cette partie antérieure de tænia qui s'est produite par gemmation à la surface de la vésicule jouant le rôle de nourrice.

On conçoit qu'il est impossible de suivre, sur un seul cysticerque, toute la série des modifications que nous venons de décrire. Mais il est un autre cystique sur lequel cette étude est facile, pleine d'intérêt et justifie entièrement, à mon avis, la qualification de nourrice donnée à la vésicule; je veux parler du *cœnurus cerebralis* (Rud.) qui se développe dans le crâne des ruminants. Le proscolex qui doit donner naissance au cœnure, dérive d'un tænia. Dès qu'il est parvenu vers les points des centres nerveux où sont réunies les conditions favorables à son développement, il se modifie, et de même que les proscolex des cysticerques dont nous venons de parler, il prend d'abord la forme d'une ampoule à parois transparentes, et dont la cavité est remplie d'un liquide albumineux. Jusqu'alors il n'y a donc, entre l'un et l'autre, aucune différence si ce n'est celle des organes où ils résident. Mais tandis que l'ampoule du cysticerque ne peut jamais produire qu'un seul scolex, celle du cœnure au contraire, douée d'une fécondité plus grande, ne tarde pas à se couvrir de scolex nombreux qui se distribuent ordinairement par groupes à sa surface, et qui n'apparaissant pas d'ailleurs tous en même temps, permettent au zoologiste d'étudier à la fois sur une seule ampoule toutes les phases par lesquelles doivent passer les scolex, avant d'être en état de subir une autre métamorphose. Rien n'est plus propre que cette étude à convaincre l'observateur du rôle de nourrice auquel est destinée l'ampoule du cœnure; car sur une même vésicule, on peut voir tout à la fois des scolex parfaits, d'autres moins avancés dont les ventouses et les crochets sont encore à l'état d'ébauche, et d'autres enfin dont la place n'est encore marquée que par une dépression de la membrane souvent environnée de quelques corpuscules calcaires. Ici la force productrice ne s'épuise point par une première gemmation; elle se conserve pendant tout le temps où l'ampoule est vivante, et les êtres nombreux auxquels elle donne naissance sont tellement indépendants les uns des autres, que chacun d'eux, s'il est mis dans des conditions favorables, produira un tænia distinct. Aussi ne puis-je admettre avec quelques naturalistes une opinion abandonnée par **M. de Siébold**, que semblent vouloir reprendre **MM. Pouchet et Verrier**, et qui consiste à voir dans l'ampoule une dilatation maladive, une sorte d'hydropisie particulière de l'extrémité caudale du scolex. S'il en était ainsi, la vésicule du cysticerque n'apparaîtrait point avant le tænioïde ainsi que je l'ai constaté, et celle du cœnure ne jouirait pas de la propriété de produire de jeunes cestoïdes pendant toute la durée de son existence.

Nous avons indiqué chez nos animaux domestiques trois formes particulières de cystiques. L'origine de deux d'entre elles nous est maintenant connue; il ne nous reste plus qu'à rechercher celle des échinocoques. Ces vers ont tant d'analogie avec ceux dont nous venons de nous occuper, qu'on ne doit pas s'attendre à les voir se développer d'une autre manière. Les échinocoques naissent en effet des œufs d'un tænia que M. de Siébold a trouvé dans l'intestin du chien et qu'il a désigné sous le nom de *tænia echinococcus*. Les œufs de ce tænia, introduits dans l'organisme des herbivores, produisent des proscolex qui, par le mécanisme que nous connaissons, arrivent jusque dans le parenchyme du poumon, du foie, ou plus rarement d'autres organes. De chacun de ces proscolex naît une ampoule ou nourrice qui diffère de celle du cœnure d'abord par son organisation, comme l'a fait voir M. Davaine, et ensuite par la propriété dont elle jouit de produire tout à la fois directement ou indirectement, de nouvelles ampoules semblables à elle, et des scolex qui, une fois formés, se détachent de la membrane mère, et attendent librement dans le liquide de l'ampoule que, par une circonstance fortuite, ils soient transportés dans les organes de l'animal où ils doivent acquérir un plus complet développement.

Les détails dans lesquels nous venons d'entrer nous permettront de comprendre facilement maintenant, comment se forment, dans les tissus et les organes, ces vésicules particulières qui depuis Laënnec sont connues des pathologistes sous le nom d'*acéphalocystes*. Les acéphalocystes sont des ampoules quelquefois vivantes, d'un volume très-variable, que l'on rencontre dans les séreuses, et surtout dans les organes parenchymateux comme le foie et le poumon. Elles sont ordinairement remplies d'un liquide albumineux, et leur membrane offre la plus parfaite identité avec la vésicule des cystiques dont nous venons de parler. Seulement elles ne portent point de scolex à leur surface, et l'on n'en trouve pas non plus dans leur cavité. M. Davaine pense que la plupart, sinon la totalité des acéphalocystes, sont des membranes hydatides d'échinocoques qui n'ont point encore produit leur membrane germinale, ou qui même, sous l'influence d'une cause occulte, ont perdu la faculté de produire cette membrane, et n'en ont pas moins continué à s'accroître. Il est évident que, même en restant sur la réserve en ce qui concerne l'organisation des échinocoques telle que l'a comprise M. Davaine, on peut facilement se rendre compte de la production des acéphalocystes en ne voyant pas autre chose en elles que des vésicules d'échinocoques qui n'ont point produit de scolex. Mais on comprend aussi que ces vésicules, surtout celles qui ne sont pas très-volumineuses, peuvent bien être d'autres cystiques et particulièrement des cysticerques trop jeunes encore pour avoir pu faire naître leurs scolex. Dans des expériences que nous avons faites sur des bêtes ovines, il nous est arrivé de rencontrer des vésicules ayant presque le volume d'une cerise, et sur lesquelles on distinguait à peine la tache, premier indice de la dépression dans le fond de laquelle devait apparaître, plus tard, l'extrémité antérieure d'un tænia. Sans contredit on eût pu classer ces vésicules parmi les acéphalocystes, car celles-ci ont été indiquées comme pouvant présenter un volume susceptible de varier entre celui d'un grain de millet et celui de la tête d'un fœtus humain à terme.

Tout prouve donc que les acéphalocystes ne sont autre chose que des vésicules de cystiques qui, soit parce qu'elles sont trop jeunes, soit parce qu'elles ont perdu sous l'influence de causes quelconques leur fécondité de nourrices, n'ont pas fait naître les scolex qu'elles étaient destinées à produire.

La génération des vers cystiques qui, il y a quelques années à peine, était un sujet de controverse pour les naturalistes, les médecins et les vétérinaires, est donc aujourd'hui parfaitemeut expliquée et facile à comprendre. Les vers à vessie, comme on les appelait autrefois, ne sont pas autre chose que des nourrices nées d'embryons de tænias, et jouissant de la propriété de produire un seul ou plusieurs scolex dont il nous reste à étudier maintenant la dernière migration.

Ainsi que nous l'avons constaté, les cysticerques, les cœnures et les échinocoques, résident au sein des tissus, ou dans les cavités qui n'ont avec le monde extérieur aucune communication directe. Ils ne sauraient en aucune façon abandonner l'organe dans lequel ils se trouvent, et concourir de la sorte à leur transport dans un nouveau gîte. Ils sont donc destinés à attendre passivement qu'une circonstance favorable les fasse passer dans un autre organisme. En général les cystiques se rencontrent chez les herbivores, c'est-à-dire chez les animaux qui, dans les vues de la nature, doivent servir à l'alimentation des carnivores. Rien de plus facile maintenant que de comprendre la dernière migration des cystiques. Un chien ou un loup mange-t-il le cerveau d'un mouton atteint de tournis, il introduit en même temps dans son estomac la vésicule et les nombreux scolex qu'elle porte à sa surface. Un chien fait-il sa proie des intestins d'un mouton ou d'un lapin dont le péritoine contient des cysticerques, ceux-ci pénètrent avec l'aliment jusque dans le tube digestif. Le chat se nourrit-il du foie d'un rat habité par le *cysticercus fasciolaris* (Rud.), le cestoïde arrive encore jusque dans l'estomac. Ainsi, en raison même des mœurs que la nature leur a données, les carnassiers, lorsqu'ils prennent leur alimentation, font souvent pénétrer dans leur tube digestif les cystiques qui sont contenus dans les organes ou dans les tissus des herbivores. Voyons maintenant ce que deviennent les nourrices et leurs scolex après cette migration.

Le **ver** cystique est porté dans l'estomac avec de la chair musculaire et d'autres tissus peu résistants. Tous ces tissus ne tardent pas à être attaqués par le suc gastrique qui les transforme, et les prépare aux autres modifications qui leur restent à subir dans le tube intestinal. Le scolex seul échappe à cette action du suc gastrique, et chose remarquable, la vésicule mère qui désormais est inutile se détruit comme les autres tissus mous, de telle sorte que le scolex mis en liberté arrive avec le chyme dans les premières portions de l'intestin. Jusqu'alors les organes qui font partie de la tête n'ayant aucune fonction à remplir, la partie antérieure du ver est restée invaginée en elle-même. Dans l'intestin, cette invagination ne tarde pas à se détruire, la tête du cestoïde fait saillie au dehors, par ses crochets il se fixe à la membrane muqueuse, et par ses ventouses il commence à puiser les sucs nécessaires à sa nutrition. Dès lors s'ouvre pour lui une nouvelle existence, il est constitué à l'état de jeune tænia rubanaire et en revêt peu à peu tous les caractères. Lorsque le scolex se sépare de la vésicule mère, il reste souvent à sa partie postérieure une échancrure particulière qui est le résultat de cette séparation et qui a reçu le nom de *cicatrice caudale.* C'est en arrière de la tête et un peu en avant de la cicatrice caudale que se forment les anneaux dont l'ensemble va constituer ce que l'on a appelé jusqu'à présent le corps du tænia. Les anneaux qui se forment les premiers sont d'abord peu distincts, courts et étroits. Ils se dessinent ensuite d'une manière plus nette et prennent peu à peu les caractères particuliers à l'espèce de cestoïde dont ils font partie. La production de nouveaux articles est pour ainsi dire incessante, et elle se fait toujours dans le même point. Les anneaux, au fur et à mesure qu'ils apparaissent, sont donc chassés en arrière par les nouveaux venus, de telle sorte que les premiers formés sont toujours les plus postérieurs. Ce sont aussi ceux dont l'organisation est la plus complète, et chez un tænia parfaitement formé par exemple, ils sont pourvus d'organes sexuels et contiennent des œufs fécondés, quand dans les anneaux antérieurs on ne peut découvrir encore aucune trace de l'appareil génital. Il résulte de là qu'en examinant successivement tous les anneaux en commençant par ceux qui viennent immédiatement après la tête, on peut se faire une idée des phases par lesquelles l'anneau parfait a dû passer pour arriver à être en état de se reproduire.

Le ver rubanaire représente donc une nouvelle forme dans la série de celles qui sont propres aux cestoïdes. M. van Bénéden qui le considère alors comme un être polyzoïque, lui donne le nom de *strobila* ou *strobile*. — Pour lui, et en général maintenant pour tous les helminthologistes, le strobila ne constitue pas un animal unique, mais une agglomération d'individus qui sont tous dans des états différents quant à la perfection de leur organisation. Ces individus ne sont point destinés d'ailleurs à vivre indéfiniment agglomérés. Au fur et à mesure que les anneaux postérieurs atteignent leur maturité, ils se séparent du tænia dont ils ont fait partie et vont répandre les œufs innombrables qui distendent leur matrice. C'est alors qu'ils prennent le nom de *proglottis*. Du reste nous avons dit déjà que ces proglottis sont vivants, qu'ils peuvent se déplacer d'une manière plus ou moins manifeste, et que la ponte s'opère, non pas par le vagin, qui paraît être exclusivement un organe de copulation, mais par des déchirures qui se font aux extrémités ou à la surface du corps, et qui, suivant l'expression du naturaliste belge, sont comme une véritable opération césarienne spontanée.

Pour M. van Bénéden, le proglottis est l'animal adulte, l'être parfait, seul capable de pourvoir à la conservation de l'espèce. Dans cette hypothèse la partie antérieure du tænia, celle qui correspond au scolex détaché de l'ampoule mère, doit être considérée comme une véritable nourrice agame, jouissant de la propriété de produire par gemmation, à sa partie postérieure, des individus sexués différents d'elle-même, et seuls en possession du privilége de reproduire leur espèce. Tant que cette nourrice existe dans l'intestin, elle conserve sa puissance de production. Aussi les médecins ont-ils depuis longtemps remarqué que les personnes qui sont tourmentées par un ver solitaire ne sont jamais entièrement délivrées de leurs souffrances avant que la tête du tænia ait été rendue.

Nous avons exposé toutes les phases des phénomènes de la reproduction chez les cestoïdes. Avant d'aller plus loin, il ne sera pas inutile de nous résumer en peu de mots. L'*œuf* d'un tænia n'éclôt jamais dans l'intestin de l'animal vertébré chez lequel a vécu son parent. Porté au dehors par le *proglottis*, ou avec les matières fécales, lorsque la ponte a commencé dans l'intestin, il pénètre dans l'organisme d'un animal d'une espèce différente de celle qui a hébergé le *strobila*. Là le *proscolex* mis en liberté, par suite de l'éclosion, se rend à travers les tissus, et souvent à la faveur du cours du sang, jusque dans l'organe où se trouvent réunies les conditions indispensables à son développement ultérieur. Du *proscolex* dérive, sous forme d'ampoule, une *nourrice* qui bientôt produit, par gemmation, un ou plusieurs *scolex*. Ceux-ci, à leur tour, sont introduits dans l'intestin d'un vertébré quand ce dernier fait sa proie de l'animal sur lequel ils ont vécu jusqu'alors. Dans l'intestin le *scolex* devient une nouvelle *nourrice* et produit des anneaux sexués qui, se détachant bientôt du *strobile* dont ils font partie, vont, sous le nom de *proglottis*, disséminer les œufs dont leurs matrices sont remplies.

Cette merveilleuse succession de migrations et de métamorphoses permet de s'expliquer comment il se fait que la reproduction des cestoïdes ait été pendant si longtemps un des mystères de la science. Elle nous fait comprendre aussi l'utilité de l'innombrable quantité d'œufs que produisent les tænias. En général, dans toutes les espèces végétales ou animales, la nature multiplie d'autant plus les germes, qu'ils sont plus exposés à rencontrer des circonstances contraires à leur développement. Nulle espèce animale ne justifie mieux que les tænias cette proposition. Si tous les œufs de ces helminthes arrivaient à bien, en peu d'années les vers qui en résulteraient, feraient probablemeet disparaître de la surface du globe les espèces animales supérieures. Aussi la presque totalité de ces œufs est-elle perdue pour la reproduction de l'espèce, et ils n'arrivent en général qu'en très-petite quantité dans les organismes où ils peuvent se développer. Même au sein des tissus, ils rencontrent de si nombreux obstacles, que beaucoup d'entre eux périssent avant d'avoir achevé leurs migrations. Ici encore l'on observe avec quel soin la nature multiplie ses précautions en raison des obstacles qui doivent être vaincus. Le proscolex doit-il se porter seulement dans le péritoine, dans le tissu cellulaire, dans des organes en un mot d'un accès relativement facile, la nourrice vésiculeuse ne produit qu'un seul scolex. Le proscolex est-il exposé à rencontrer des obstacles plus difficiles à surmonter, doit-il par exemple pénétrer dans le crâne, la nourrice vésiculeuse, comme pour suppléer en quelque sorte aux nombreux proscolex qui n'ont pu atteindre le but de leur migration, acquiert une fécondité telle qu'à elle seule, elle peut produire plusieurs centaines de jeunes cestoïdes. Enfin si l'échinocoque qui se développe en général dans le foie et dans le poumon, c'est-à-dire dans des organes d'un accès aussi facile que celui des tissus habités par les cysti-cerques, jouit cependant de la propriété de produire aussi des scolex nombreux, cette fécondité lui a sans doute été donnée d'une part pour compenser la fécondité relativement peu marquée du strobila, et de l'autre pour contrebalancer les chances de destruction que court cette espèce, par suite de la transformation plus fréquente de la vésicule en un corps inerte, privé de la vie et dans l'intérieur duquel on rencontre encore quelquefois les débris des scolex qui l'ont habité.

Si peu élevé que soit le nombre des proscolex qui, dans chaque espèce, réussissent à produire des scolex, ces derniers ne sont pas tous destinés à achever le cercle de leurs migrations et de leurs métamorphoses. Beaucoup meurent dans les tissus où ils ont pénétré avant que l'animal qui les a hébergés serve de proie à un carnivore. Beaucoup d'autres encore, bien qu'ils parviennent dans l'intestin d'un animal appartenant à l'espèce qui convient à leur accroissement ultérieur, ne peuvent vivre dans ces nouvelles conditions, soit parce que leur migration passive s'est accomplie à une époque où ils n'avaient pas encore acquis un développement suffisant, soit encore parce que l'individu chez lequel ils ont été portés, par suite de circonstances dont il n'est pas facile de se rendre compte, oppose à leur installation comme êtres parasites, une telle résistance, qu'ils doivent nécessairement périr là où semblaient se trouver, au premier abord, les conditions les plus favorables à leur existence. Il est un fait remarquable cependant qui tend à assurer la perpétuation des diverses espèces de cestoïdes ; c'est que, ainsi que déjà nous l'avons fait observer, dans l'immense majorité des cas, l'animal qui héberge le scolex est destiné par la nature à être la proie du carnassier dont l'intestin convient le mieux au développement du strobila de la même espèce. Le *cysticercus fasciolaris* (Rud.) par exemple, qui est le scolex du *tœnia crassicollis* (Rud.) de l'intestin du chat domestique, habite le foie du rat et de la souris. Le péritoine du lièvre et du lapin renferme le *cysticercus pisiformis* (Zed.) qui n'est autre chose que le scolex du *tœnia serrata* (Gœze) du chien ; enfin, pour l'homme dont l'intestin héberge quelquefois le *tœnia solium* (L.), on peut faire cette singulière observation que la chair du porc qui est presque la seule que nous mangions, dans certaines circonstances, sans la soumettre à la cuisson, contient souvent le *cysticercus cellulosœ* (Rud.), c'est-à-dire le scolex du ver solitaire. Lorsque les carnassiers se nourrissent de proies vivantes, comme le font ordinairement les chats et les autres animaux du genre felis, il est évident que les cystiques sont pleins de vie au moment où ils sont portés dans le tube digestif, et que les conditions sont aussi favorables que possible, pour que les scolex puissent se fixer à la muqueuse intestinale et commencer à produire des anneaux. Lorsque, au contraire, les animaux mangent des proies mortes, ou des portions de cadavres dans lesquelles existent des cystiques, on peut se demander si les scolex n'ont pas cessé de vivre avant d'être introduits dans l'estomac. Quelques naturalistes ont pensé qu'il devait en être fréquemment ainsi, et l'on a même avancé, que la mort des cystiques suivant ordinairement de près celle de l'hôte aux dépens duquel ils vivent, il était impossible que les carnassiers s'infectassent de tænias en se nourrissant de proies mortes. Nous avons fait des expériences qui prouvent précisément le contraire, et desquelles il résulte : que le *cysticercus tenuicollis* (Rud.) peut encore se transformer en tænia dans l'intestin du chien plus de vingt-quatre heures après la mort des ruminants qui l'hébergent, que les scolex du *cœnurus serialis* (P. Gerv.) se développent encore en tænias dix-huit ou vingt-quatre heures après la mort des lapins dans le tissu cellulaire desquels ils se trouvent ; et que souvent dans l'épiploon et le mésentère des lapins conservés simplement à l'air libre sur de la paille avec les intestins, on trouve encore après plus de huit jours des *cysticercus pisiformis* (Zed.) qui sont flétris et *morts en apparence*, mais qui se raniment promptement quand on les plonge pendant quelques minutes dans l'eau portée à la température de $+ 40$ à $+ 50$ degrés.

Cette remarquable persistance de la vie chez les cystiques suffit pour qu'ils arrivent vivants dans le tube digestif des carnassiers, même lorsque ceux-ci se nourrissent de proies mortes, et l'objection que l'on a faite à ce propos n'a certainement pas de valeur. Mais il en est une autre qui subsiste encore en ce qui concerne les herbivores, et à laquelle il est plus difficile de répondre. S'il est indispensable que les tænias aient vécu d'abord à l'état de scolex dans l'organisme d'un animal autre que celui chez lequel on les trouve ordinairement, et s'il faut de plus que l'herbivore ait été la proie du carnassier pour que le scolex ait été transporté dans l'intestin où il doit se transformer en strobile, comment se fait-il que l'on rencontre fréquemment des tænias dans l'intestin des herbivores comme le cheval, le bœuf, le mouton, qui n'ont pourtant pas l'habitude de se nourrir de proies mortes ou vivantes? Jusqu'à présent les observations directes manquent absolument pour résoudre la question d'une manière certaine. Quelques auteurs pensent, sans que cela soit encore démontré, que les tænias inermes comme ceux des herbivores pénètrent dans l'organisme avec les boissons. On peut cependant croire que quelques-uns au moins de ces parasites sont destinés à subir des métamorphoses et à accomplir des migrations tout aussi bien que ceux des carnassiers, car dans l'œuf, leurs embryons (ceux du *tænia perfoliata* Gœze, par exemple) sont pourvus de crochets qui, ainsi que nous l'avons vu, doivent être pour eux des organes de locomotion. Il resterait à déterminer chez quelles espèces animales les proscolex doivent pénétrer, et comment les scolex qui en résultent passent dans l'intestin d'un herbivore. Jusqu'à présent cela n'a pas été fait; mais sans rien dire de positif à cet égard, nous pouvons ajouter qu'il ne serait pas impossible que les proscolex eussent le pouvoir de vivre d'abord chez certains insectes ou d'autres animaux inférieurs, et que ceux-ci fussent pris accidentellement par les herbivores avec leurs aliments naturels, car ainsi que le fait observer M. Colin dans son traité de physiologie : « Nos bestiaux prennent sans répugnance « les sauterelles qui dévastent les prairies vers la fin de l'été ; » et l'on peut ajouter qu'il en est de même pour d'autres insectes encore.

Nous avons essayé de donner une idée de l'organisation des tænias, nous nous sommes efforcé de tracer le tableau des métamorphoses qu'ils éprouvent, et des migrations qu'ils accomplissent pour assurer la conservation des espèces ; il nous reste maintenant à étudier les diverses espèces de ce genre qui vivent en parasites à l'état de scolex ou à l'état de strobiles chez nos animaux domestiques. Afin d'éviter des répétitions dans l'énumération de leurs caractères, nous les diviserons en trois sections : 1° tænias armés de crochets tous pourvus d'une garde ou apophyse moyenne et d'un manche ou apophyse inférieure ; 2° tænias armés de crochets en forme d'aiguillons de rosiers ; 3° tænias inermes.

Iʳᵉ SECTION. Tænias à trompe armée de crochets disposés sur deux rangs les uns plus grands, les autres plus petits, tous pourvus d'une apophyse moyenne et d'une apophyse inférieure. Premiers anneaux grêles, étroits, peu distincts, quadrilatères, devenant beaucoup mieux dessinés un peu plus loin, et présentant alors un bord postérieur plus étendu que l'antérieur, de telle sorte qu'ils se débordent très-finement en dents de scie sur les parties latérales du corps, acquérant ensuite autant de longueur que de largeur, puis devenant enfin, dans la partie postérieure, où ils sont moins régulièrement quadrilatères, deux fois environ aussi longs que larges. Un seul orifice génital pour chaque anneau percé dans un tubercule saillant. Orifices génitaux irrégulièrement alternes. Tube du testicule grêle, pelotonné et enroulé dans un espace laissé libre entre deux des ramifications de la matrice, et traversant une poche de forme variable suivant les espèces qui s'ouvre elle-même dans le tubercule génital. Pénis constitué par l'extrémité libre du tube du testicule, souvent rétracté dans l'intérieur de la poche signalée plus haut, mais pouvant aussi faire saillie au dehors. Matrice en palmette, composée d'un tube longitudinal médian, portant sur ses côtés de nombreuses branches simples ou ramifiées, toujours terminées en cæcums. Vagin sous forme d'un tube arqué à convexité antérieure, d'un diamètre deux ou trois fois moindre que celui des branches de la matrice, s'ouvrant d'une part dans le vestibule génital, et se terminant de l'autre dans une poche copulatrice plus ou moins distincte. Œufs elliptiques ou presque circulaires, aussi larges à un bout qu'à l'autre, d'un jaune brun clair par transparence, pourvus de deux enveloppes, et quelquefois d'une troisième externe, très-grande, très-transparente, qui apparaît autour de l'œuf proprement dit, comme une auréole.

Tænia de l'homme. *Tænia solium* (Linnée). — Ver long de 4 à 6 ou 8 mètres, et pouvant même atteindre jusqu'à 30 ou 40 mètres de longueur. Double couronne composée de 24 à 32 crochets, les plus grands, longs de $0^{mm},16$ à $0^{mm},18$, à lame aussi longue ou à peu près aussi longue que l'apophyse inférieure, les plus petits, longs de $0^{mm},11$ à $0^{mm},14$, à lame ordinairement plus longue que l'apophyse inférieure. Partie du corps placée en arrière de la tête, sensiblement plus étroite que celle-ci et grêle, dans une assez longue étendue. Organes génitaux internes commençant à apparaître dans les anneaux longtemps avant que ceux-ci aient pris la forme carrée. Vestibule des organes génitaux en forme de calotte hémisphérique. Branches latérales de la matrice plus épaisses que dans le *tænia serrata* (Gœze). Vagin sensiblement dilaté avant son insertion au vestibule génital. Œufs longs de $0^{mm},034$ à $0^{mm},036$.

Ce tænia à l'état de ver rubanaire habite l'intestin grêle de l'homme. Son scolex est le *cysticercus cellulosæ* (Rud.) qui se présente sous la forme d'une vésicule elliptique, longue de 12 à 20 millimètres, large de 5 à 10 millimètres et même plus. Cette vésicule est renfermée dans un kyste duquel elle est entièrement indépendante. Elle porte sur un point de sa surface, vers le milieu de l'un des grands côtés, le scolex qui de même que chez les autres cystiques est invaginé, et qui présente absolument les mêmes caractères que l'extrémité céphalique du *tænia solium* (L.). Le *cysticercus cellulosæ* (Rud.) se rencontre chez le porc domestique, dans le tissu cellulaire, au milieu de la graisse et surtout au milieu des fibres musculaires. Dans ce dernier cas, le grand ax de la vésicule est toujours dans le sens de la longueur des fibres musculaires. Il peut exister dans toutes les régions du corps et dans des organes très-différents les uns des autres. Cependant c'est surtout dans les muscles intercostaux et dans ceux qui les avoisinent, ainsi que dans le frein de la langue qu'on le rencontre le plus communément. Lorsqu'il existe en quantité un peu considérable dans le tissu cellulaire du porc, il détermine chez cet animal la *ladrerie* qui, de tout temps, a fait considérer la viande, sinon comme insalubre, au moins comme de qualité inférieure. Aujourd'hui le doute n'est plus permis relativement au danger que l'homme peut courir quand il fait usage de la viande de porc infectée de cysticerques. Le scolex transporté dans le tube digestif s'y transforme en tænia, et l'individu ne tarde pas, assez ordinairement, à être en proie au malaise et aux douleurs que détermine parfois, mais non pas toujours, le ver solitaire. Si, pour que l'infection vermineuse ait lieu, il était indispensable que le ver cystique tout entier fut introduit intact dans l'estomac, il est probable que le *tænia solium* (L.) serait encore infiniment plus rare chez l'homme qu'il ne l'est réellement. Mais pour ce cysticerque comme pour tous les autres, il suffit que le scolex sans la vésicule soit porté dans l'intestin pour qu'il se développe, pourvu qu'il y rencontre d'ailleurs, de la part de l'organisme, une sorte de tolérance qui existe chez quelques personnes, mais qui manque absolument chez d'autres. Le scolex peut donc échapper à l'attention, et être pris avec les aliments. Il est bien entendu qu'il ne peut être nuisible qu'autant qu'il a conservé la vie. Aussi le meilleur moyen de se préserver de l'introduction du ver solitaire dans l'intestin, c'est de soumettre à la cuisson la viande de porc dont on fait usage. Seulement par une circonstance bizarre, cette viande est presque la seule que nous fassions entrer sans la faire cuire dans certaines préparations alimentaires où le scolex peut se conserver vivant pendant assez de temps pour que de loin en loin l'un d'eux parvienne à trouver le gîte nécessaire à sa transformation en strobila. Heureusement pour l'homme, il faut pour assurer le développement du scolex du *cysticercus cellulosæ* (Rud.) un tel concours de circonstances que les infections sont toujours infiniment rares, et que dans la plupart des cas le cestoïde justifie son nom vulgaire de ver solitaire. Cependant il n'en est pas toujours ainsi et la science possède des faits qui prouvent que deux ou plusieurs *tænia solium* (L.) peuvent vivre ensemble dans l'intestin de l'homme.

Lorsque les naturalistes ont fait connaître le mode suivant lequel le ver solitaire est porté à l'état de scolex dans les organes digestifs de l'homme, ils ont rencontré de nombreux incrédules. L'analogie suffisait cependant pour établir ce fait, et puisqu'on avait démontré que d'autres scolex pouvaient se développer de cette manière dans le corps de certains mammifères, il n'y avait aucune bonne raison à faire valoir pour établir que le tænia de l'homme avait le privilége de faire exception. Cependant pour lever tous les doutes, diverses expériences ont été entreprises. Les premières appartiennent à M. Küchenmeister, de Zittau, qui a fait prendre à une femme condamnée à mort des scolex du *cysticercus cellulosæ* (Rud.), et qui à l'autopsie a retrouvé dans l'intestin de jeunes tænias déjà fixés à la membrane muqueuse et en voie de produire leurs premiers anneaux. Plus tard, M. Leuckart a fait prendre quatre cysticerques du porc à un jeune homme parfaitement sain, qui, trois mois et demi après le début de l'expérience a rendu deux vers solitaires sous l'influence d'une double dose de kousso. Enfin M. Humbert, de Genève, cité par M. Bertholus, a tenté sur lui-même une semblable expérience qui a donné les mêmes résultats. De son côté M. van Bénéden, et après lui d'autres naturalistes, ont fait en sens inverse des expériences qui ne sont pas moins concluantes, car ils ont administré à des porcs des proglottis rendus par des individus atteints du ver solitaire, et ils ont déterminé la ladrerie. Nous avons nous-même, et par l'emploi de proglottis que nous avait remis M. le docteur Lafont-Gouzi, provoqué l'apparition de cette maladie chez une jeune truie. En présence de ces faits il est impossible de douter de l'identité spécifique du *tænia solium* (L.) et du *cysticercus cellulosæ* (Rud.) qui sont seulement deux états différents d'une seule et même espèce.

Ainsi que nous l'avons dit plus haut, c'est dans le tissu cellulaire du porc que l'on rencontre ordinairement le *cysticercus cellulosæ* (Rud.). Il semble cependant que ce ver puisse accidentellement se développer aussi chez d'autres mammifères. On en a signalé des exemples très-remarquables chez l'homme. Quelques naturalistes ont rencontré ce ver chez le chien, et chez diverses espèces de singes, et même chez des ruminants. Il resterait à déterminer par une étude comparative des caractères zoologiques et même par des expériences, si tous ces cysticerques tirés d'animaux différents sont bien de la même espèce que celui du porc.

Tænia en scie. *Tænia serrata* (Gœze). — Ver pouvant atteindre et même dépasser un mètre, souvent composé de plus de deux cents anneaux. Tête un peu plus large que la partie du corps qui vient immédiatement après elle. Double couronne composée de trente-quatre à quarante-six crochets, les plus grands, longs de $0^{mm},225$ à $0^{mm},256$, à lame large à la base, toujours manifestement plus courte que l'apophyse inférieure, à apophyse moyenne à base large, à apophyse inférieure large et droite. Petits crochets longs de $0^{mm},135$ à $0^{mm},162$, à lame toujours un peu plus longue que l'apophyse inférieure. Premiers anneaux commençant à apparaître à deux ou trois millimètres en arrière de la tête. Anneaux suivants devenant carrés à une distance de 25 ou 30 centimètres en arrière de la tête, et ayant alors en longueur comme en largeur 5 ou 6 millim. Derniers anneaux longs de 10 à 12 millim. et larges de 5 à 6 millim. Bord antérieur et bord postérieur des anneaux toujours droits, jamais ondulés ni crénelés. Tube du testicule traversant par son extrémité terminale une poche de forme olivaire. Branches latérales antérieures de la matrice simples ou peu ramifiées. Vagin s'ouvrant dans la cavité du tubercule génital sans offrir de dilatation préalable. Œufs longs de $0^{mm},036$ à $0^{mm},040$; larges de $0^{mm},034$ à $0^{mm},036$, pourvus quelquefois d'une enveloppe extérieure transparente large de $0^{mm},052$ à $0^{mm},066$.

Le *tœnia serrata* (Gœze) habite dans l'intestin grêle du chien domestique où il est très-commun, et où il existe souvent sans que sa présence soit indiquée par aucun symptôme particulier. Cependant si des vers nombreux de cette espèce ou des espèces voisines (*tœnia cœnurus* Küchen., *tœnia cysticerci tenuicollis* Leuck.) se trouvent ensemble dans l'intestin, il n'est pas rare de les voir déterminer chez le chien des crises épileptiformes qui disparaissent entièrement dès que l'animal a été débarrassé de ces entozoaires. Le scolex du *tœnia serrata* (Gœze) est le *cystycercus pisiformis* (Zeder), que l'on trouve fréquemment dans le péritoine des lièvres et des lapins qui vivent à l'état sauvage ou à l'état domestique. Lorsque ce cystique a atteint son complet développement, c'est-à-dire à l'époque où il peut être transporté dans le tube digestif du chien avec quelque chance de se transformer en ver rubanaire, il est à peu près de la grosseur d'un pois, ou très-souvent un peu plus gros. Il est alors emprisonné dans un kyste dont les parois sont demi-transparentes, et laissent voir à l'intérieur le ver qu'elles protégent. Celui-ci sorti de son kyste est long de 8 à 10 millimètres environ. L'ampoule qui en constitue la plus grande partie est transparente, remplie de liquide, et terminée, du côté opposé à celui occupé par le scolex, par une sorte de cône mousse. Elle n'a pas plus de 3 à 5 millimètres dans sa plus grande largeur. Si l'animal qui hébergeait le parasite est mort depuis peu de temps, l'ampoule au moment où on la sort de son kyste se contracte assez énergiquement pour que ses contractions soient visibles à l'œil nu. Le scolex proprement dit se présente sous la forme d'un corps blanchâtre, opaque, plus ou moins manifestement ridé en travers à la surface, et offrant à son extrémité libre une dépression ou plutôt une fente qui résulte de ce que toute la partie antérieure du ver est invaginée à la manière d'un doigt de gant rentré en partie en lui-même. C'est au fond de cette invagination, que l'on voit souvent faire saillie dans l'intérieur de la vésicule, que se trouve la tête dont tous les caractères sont identiquement semblables à ceux fournis par l'extrémité céphalique du *tænia serrata* (Gœze).

C'est sur le *cysticercus pisiformis* (Zéder) que M. Küchenmeister a tenté les premières expériences qui ont fait bien connaître la succession des migrations et des métamorphoses des tænias. Pour arriver dans le péritoine, la plupart, sinon même la totalité des proscolex du *tænia serrata* (Gœze), introduits dans l'estomac du lapin, doivent traverser le foie. Lorsqu'en effet on incise le foie d'un lapin quinze ou vingt jours après que ce rongeur a pris un ou plusieurs proglottis du *tænia serrata* (Gœze), on trouve cet organe criblé à sa surface, comme dans son épaisseur, d'une quantité considérable de petites tumeurs blanchâtres de la grosseur d'un grain de blé environ. Toutes ces tumeurs sont creusées d'une cavité dont les parois sont épaisses, condensées et comme lardacées, et dont l'intérieur est presque toujours occupé par un petit corps blanc, long de 1 à 4 millimètres, libre dans la cavité, cylindrique ou légèrement conique, effilé à l'une de ses extrémités, et ressemblant à première vue à un ver nématoïde, mais n'en offrant nullement l'organisation. Ce corps n'est autre chose que le proscolex en voie de migration, ou arrêté peut-être dans le tissu du foie. Déjà il présente à l'une de ses extrémités une légère dépression, premier indice de l'invagination au fond de laquelle se formera plus tard la tête avec ses ventouses et ses crochets. En même temps que l'on trouve dans le foie les lésions que nous venons d'indiquer, on rencontre aussi disséminés et libres dans le péritoine des cystiques semblables à ceux du foie mais un peu plus longs, plus manifestement de forme conique et surtout plus transparents et plus vésiculeux. La dépression de la partie antérieure, et l'infundibulum qui la continue, sont aussi plus prononcés ; mais on ne voit point encore de trace de la formation des ventouses, ni de la couronne de crochets. Ces derniers organes ne commencent à se former que vers le trentième jour. On voit d'abord apparaître assez confusément les ventouses, puis les crochets représentés dans le principe par une lame grêle et fortement courbée. Un peu plus tard la lame du crochet prend la forme qu'elle aura chez le ver bien développé, mais elle manque encore d'apophyse moyenne et d'apophyse inférieure. Ces deux appendices, en effet, s'ajoutent peu à peu à la lame et donnent enfin aux crochets la forme et les dimensions qu'ils doivent avoir définitivement chez le scolex parvenu à sa complète maturité. Dès lors le cysticerque a revêtu la forme sous laquelle nous l'avons décrit, il est âgé au moins de soixante ou soixante et dix jours, et il est enkysté sur l'épiploon, plus rarement sur le foie ou sur la rate, ou plus rarement encore dans un autre point de la cavité péritonéale, si ce n'est au voisinage du rectum où il est assez commun de rencontrer quelques-uns de ces vers. Ajoutons qu'il n'est pas rare, non plus, lorsqu'on trouve des cysticerques enkystés dans le péritoine du lapin, de voir en même temps à la surface du foie des cicatrices qui résultent très-probablement du passage des cystiques à travers cet organe,

Quant à la transformation et au développement du *cysticercus pisiformis* (Zéder) en *tænia serrata* (Gœze) dans l'intestin du chien, ce sont des phénomènes qui s'accomplissent aussi avec une certaine rapidité. Effectivement, neuf jours après qu'ils ont été portés dans l'intestin, les tænias ont déjà de 8 à 28 millim. de longueur, leurs anneaux commencent à se dessiner, et souvent vers la fin du deuxième mois, le chien rend déjà des proglottis, dont les œufs sont suffisamment murs pour provoquer chez le lapin la formation de nouveaux cysticerques.

Tænia du cysticerque au cou ténu. *Tænia cysticerci tenuicollis* (Leuckart). — *Tænia è cysticerco tenuicolli* (Auct. Pler.). — Ver pouvant atteindre plus de 1 mètre 50 centimètres de longueur. Tête à peine plus large que la partie du corps qui vient immédiatement après elle. Double couronne composée de trente à quarante-deux crochets, les plus grands, longs de $0^{mm},193$ à $0^{mm},218$, à lame à peine un peu plus courte que l'apophyse inférieure à apophyse moyenne ayant une base plus ou moins contractée, à apophyse inférieure un peu bossue, médiocrement large ainsi que la base de la lame. Petits crochets longs de $0^{mm},125$ à $0^{mm},156$ et à lame tantôt égale à l'apophyse inférieure, et tantôt un peu plus longue ou un peu plus courte. — Premiers anneaux commençant à apparaître à une distance de 3 à 5 millimètres en arrière de la tête. Anneaux suivants plus larges et plus courts, et par conséquent plus serrés que ceux du *tænia serrata* (Gœze), et du *tænia cœnurus* (Küc.) Anneaux ne devenant aussi larges que longs qu'à 60 ou 80 millimètres en arrière de la tête, et quelquefois plus loin. Bord postérieur de chaque anneau ondulé ou légèrement crénelé. Tube du testicule traversant par son extrémité terminale une poche de forme olivaire. Branches de la matrice grêles, allongées, quelquefois ramifiées, se rapprochant assez des bords latéraux des anneaux. Vagin très-sensiblement dilaté avant de s'ouvrir dans la cavité du tubercule génital. Œufs presque circulaires, larges de $0^{mm},34$ à $0^{mm},36$.

Sous la forme strobilaire, ce tænia habite l'intestin grêle du chien, où il est moins commun cependant que le *tænia serrata* (Gœze). Son scolex est le *cysticercus tenuicollis* (Rud.), que l'on rencontre assez fréquemment dans le péritoine de nos ruminants domestiques. Il peut vivre aussi mais plus rarement dans les plèvres des mêmes animaux et dans le péritoine du cochon, ainsi que dans celui de quelques animaux qui sont à l'état sauvage. L'ampoule du *cysticercus tenuicollis* (Rud.) est généralement elliptique dans le sens de la longueur, et longue de 15 à 50 millim. Le scolex est lui-même long de 14 à 30 millim. Le corps est plissé transversalement, et présente à son extrémité libre une fente qui n'est autre chose que l'ouverture indiquant l'invagination au fond de laquelle se trouve la tête. Celle-ci répète exactement les caractères que nous avons indiqués pour l'extrémité céphalique du ver à l'état de strobila.

Quant au mode suivant lequel le *cysticercus tenuicollis* (Rud.) pénètre et se développe dans le péritoine, il nous paraît fort analogue à celui que nous avons indiqué pour le cysticerque du lapin. C'est sans doute par le tube digestif, avec les boissons ou avec les aliments, que les œufs arrivent dans l'intestin. Après l'éclosion, la plupart des embryons se rendent dans le péritoine en traversant le foie. C'est au moins ce que nous croyons pouvoir conclure de quelques expériences que nous avons faites sur ce parasite. Sur un agneau et sur un chevreau qui, à des époques différentes, ont succombé l'un et l'autre le dixième jour après avoir pris des anneaux du *tænia cysticerci tenuicollis* (Leuck.), nous avons trouvé le foie sillonné à sa surface et creusé dans toute sa profondeur de galeries nombreuses, plus ou moins sinueuses, et se croisant de mille manières. Chacune de ces galeries, en partie comblée par un petit caillot sanguin, était occupée par une, deux ou trois vésicules, globuleuses ou un peu ovoïdes et à parois transparentes. Pour arriver ainsi dans le foie, les proscolex ont dû probablement pénétrer d'abord dans les racines de la veine porte. Ce qui nous semble appuyer cette conjecture, c'est que nous n'avons pas trouvé de parasites dans les canaux biliaires, tandis que nous en avons trouvé quelques-uns dans le parenchyme du poumon où le sang des veines sus-hépatiques a pu les apporter, après les avoir fait passer par la

veine cave postérieure, par les cavités droites du cœur, et par
l'artère pulmonaire. Du reste, il est bien possible que tous les
proscolex de cette espèce ne passent pas directement par le foie,
car on rencontre quelquefois des cysticerques assez loin de cette
glande et surtout dans le fond de la cavité pelvienne.

Quoi qu'il en soit, les vésicules âgées de dix jours, trouvées dans
le foie ou déjà libres dans la cavité du péritoine, nous ont offert
un diamètre qui a varié entre $0^{mm},35$, $0^{mm},60$, et 2^{mm} et $3^{mm},50$.
Elles ne présentaient encore aucune trace de scolex ni rien qui
indiquât le point où celui-ci devait se former. Chez un autre
chevreau qui succomba seulement le vingt-cinquième jour après
le début de l'expérience, les vésicules qui commençaient à s'enkyster étaient déjà longues de 2 à 10 millimètres et larges de 1 à
6 millimètres, et sur un point de leur surface elles portaient une
petite tache blanche qui correspondait à un commencement
d'invagination encore très-superficielle. Dans une autre expérience encore, des *cysticercus tenuicollis*, âgés de quarante jours,
nous ont offert une vésicule un peu allongée dans le sens antéro-
postérieur et longue seulement de 12 à 25 millim. Les Scolex,
déjà pourvus de crochets assez bien formés, étaient cependant
encore courts et relativement peu volumineux. Après quatre-
vingt-dix-sept jours les vésicules avaient presque doublé et les
scolex s'étaient accrus. Enfin après deux cent cinquante-neuf
jours, nous avons recueilli des *cysticercus tenuicollis* (Rud.) présentant tout le développement que nous avons indiqué ci-dessus,
développement que déjà sans doute ils avaient acquis depuis
longtemps. Ces vers, du reste, administrés à un chien, se sont
transformés en tænias dans l'intestin de ce carnassier.

Les *cysticercus tenuicollis* (Rud.) des ruminants sont toujours
enkystés au moins lorsque déjà ils ont pris un certain volume.
L'expérience que nous avons faite sur celui des deux chevreaux
dont nous avons parlé plus haut, et qui a succombé le vingt-
cinquième jour, nous a permis de constater que partout où les
vésicules s'arrêtent sur l'épiploon, sur le foie, sur les parois
abdominales, sur le mésentère, sur l'intestin, sur les plèvres
mêmes dans la cavité thoracique, elles provoquent la sécrétion
d'une matière plastique qui s'organise bientôt pour constituer
les parois du kyste dans lequel chacune d'elles s'enferme. Lorsque ces vers s'installent en petit nombre dans le péritoine, les
ruminants doivent sans doute souffrir pendant un temps variable
du passage des proscolex à travers les tissus; mais les lésions
déterminées par les parasites sont alors tellement limitées

qu'elles ne peuvent jamais compromettre la santé générale du sujet, et qu'elles passent en quelque sorte inaperçues. Lorsqu'au contraire ils sont très-nombreux, il n'en est pas ainsi. Ils déterminent alors, dans le foie surtout, des désordres tellement graves que l'animal succombe en peu de temps. Nous avons vu, en effet, dans nos expériences, un agneau et un chevreau mourir promptement, dès le dixième jour, après avoir manifesté tous les symptômes d'une hémorrhagie interne, et, à l'autopsie, le foie laissant transsuder le sang de toutes parts à la moindre pression, on a trouvé tous les viscères abdominaux baignant dans ce liquide qui s'était épanché en grande quantité, entraînant avec lui dans le péritoine un grand nombre de vésicules. Chez celui qui n'a succombé que le vingt-cinquième jour, une violente péritonite d'une part, et de l'autre une complète désorganisation du foie ont déterminé la mort. Mais on comprend que ces altérations ne peuvent guère se produire que dans des expériences, car dans les circonstances ordinaires de la vie des ruminants, il n'est pas probable qu'ils puissent être fréquemment exposés à déglutir à la fois assez d'œufs de tænias pour que l'on ait à craindre de voir se produire des désordres aussi profonds que ceux que nous avons décrits. Dans la plupart des cas, au contraire, ils ne prennent, soit avec leurs boissons, soit avec leurs aliments, qu'un petit nombre d'œufs isolés. Quelques petites hémorrhagies du foie, quelques inflammations locales du péritoine, peuvent bien alors faire naître de la douleur et du malaise, mais ce ne sont pas là des lésions capables de compromettre assez l'exercice des fonctions pour que l'on puisse s'en apercevoir. C'est ainsi que l'on peut comprendre comment il se fait que l'on trouve des *cysticercus tenuicollis* (Rud.), chez un très-grand nombre de ruminants que l'on sacrifie à la boucherie, sans que cependant on ait jamais remarqué de maladie grave chez ces animaux, pendant qu'ils vivaient.

Quant au développement du *tænia cysticerci tenuicollis* (Leuck.) à l'état de strobila, il paraît se faire plus lentement que celui du *tænia serrata* (Gœze), car des vers de cette espèce dont nous avions provoqué la formation dans les intestins de deux chiens, n'ont eu les premiers, après cinquante jours, que 15 à 25 centimètres de longueur, et les seconds, après soixante-un jours, que 55 à 85 centimètres. Aucun d'eux n'offrait encore dans ses anneaux d'organes génitaux bien formés. Après cent quarante et cent cinquante-huit jours, au contraire, dans d'autres expériences, nous avons trouvé des tænias longs de plus de 1^m,50, et dont des proglottis, portant des œufs mûrs, s'étaient déjà détachés. Enfin, après cent et quelques jours, une chienne a rendu des anneaux qui ont provoqué chez des agneaux la production de *cysticercus tenuicollis* (Rud.) en plus ou moins grand nombre.

Tænia cœnure. *Tænia cœnurus* (Küch). — Ver pouvant atteindre et dépasser un mètre. Tête toujours manifestement plus large que la partie du corps qui vient immédiatement après elle. Double couronne composée de 22 à 32 crochets, les plus grands longs de $0^{mm},15$ à $0^{mm},17$, à lame large à la base, égalant ou dépassant à peine la longueur de l'apophyse inférieure, à apophyse moyenne assez large à la base, à apophyse inférieure large et à peu près droite. Petits crochets longs de $0^{mm},10$ à $0^{mm},13$, à lame toujours un peu plus longue que l'apophyse inférieure. Premiers anneaux commençant à apparaître à deux ou trois millimètres en arrière de la tête. Anneaux suivants assez semblables à ceux du *tænia serrata* (Gœze), mais restant généralement plus étroits. Anneaux devenant aussi longs que larges à 15 ou 20 centimètres en arrière de la tête, rarement plus loin, le ver n'ayant guère plus de 4 à 5 millimètres dans sa plus grande largeur. Bord postérieur des anneaux toujours droit, ni ondulé, ni crénelé. Tube du testicule traversant par son extrémité une poche dont le fond est la partie la plus dilatée, et dont l'extrémité opposée se rétrécit en une sorte de goulot comme celui d'une cornue. Branches latérales antérieures de la matrice envoyant en avant de nombreuses divisions parallèles ou presque parrallèles au grand axe de l'anneau. Vagin peu ou point dilaté lors de son insertion dans la cavité du tubercule génital. Œufs à peu près circulaires, ayant un diamètre de $0^{mm},034$ à $0^{mm},036$, souvent pourvus d'une enveloppe extérieure transparente qui leur forme comme une auréole.

Le *tænia cœnurus* (Küch.) à l'état de strobila vit dans le tube digestif du chien et du loup; peut-être même celui que l'on rencontre chez ce dernier mammifère, n'est-il autre que celui que Rudolphi a décrit sous le nom de *tænia marginata*. Le scolex du *tænia cœnurus* (Küch.) est le *cœnurus cerebralis* (Rud.) qui habite les diverses parties de l'encéphale du mouton, et plus rarement la moelle épinière chez le même animal. Nous avons fait connaître déjà les principaux caractères du *cœnurus cerebralis* (Rud.) (p. 116); nous nous bornerons donc à ajouter que la vésicule est d'un volume très-variable qui peut atteindre et même dépasser celui d'un œuf de poule, que les scolex les mieux formés sont à peu près gros comme un grain de millet; qu'ils peuvent avoir jusqu'à 4 ou 5 millimètres de longueur lorsqu'on les a sortis de leur invagination, et convenablement étendus, et que dans cet état ils offrent une tête en tout semblable à celle du *tænia cœnurus* (Küch.), suivie d'un rétrécissement en forme de cou, après lequel vient le corps, trois ou quatre fois long comme la tête, criblé d'une infinité de granulations calcaires, et terminé dans sa partie postérieure par une échancrure peu marquée.

Les expériences que l'on a faites dans ces dernières années pour arriver à connaître les phénomènes de la reproduction chez les cestoïdes, ont permis de suivre en quelque sorte pas à pas le développement du cœnure dans le cerveau du mouton. Lorsqu'on fait prendre à un agneau des œufs du *tænia cœnurus* (Küch.), les premiers symptômes du tournis qui indiquent l'installation des proscolex dans le crâne se font observer ordinairement du huitième au vingtième jour. On conçoit cependant que, pour qu'il en soit ainsi, il est indispensable que plusieurs cœnures s'établissent en même temps au sein des centres nerveux.

Dans les circonstances ordinaires, alors qu'il n'existe dans le crâne qu'un ou deux cœnures, ce n'est probablement que beaucoup plus tard que les animaux font connaître par des signes certains, la maladie qui les tourmente. Nous avons même vu, dans les expériences dont nous avons rendu compte en 1858 et en 1859, deux agneaux ne manifester le tournis d'une manière évidente que soixante-huit ou cent quatorze jours après avoir pris des proglottis, bien que cependant à l'autopsie il y ait eu chez l'un trente-trois, et chez l'autre cinq cœnures plus ou moins développés.

Lorsque l'on étudie sur le cadavre les désordres produits dans le crâne par les proscolex du *tænia cœnurus* (Küch.), on observe, dès le huitième jour, une violente congestion de l'encéphale dont la substance offre des points rouges infiniment nombreux sur les diverses coupes que l'on en peut faire, en même temps que tous les vaisseaux qui rampent à la surface de l'organe sont violemment distendus par le sang. Plus tard, du quatorzième au trente-huitième jour, d'après nos observations, on voit se dessiner à la surface du cerveau, entre les circonvolutions cérébrales, ou même dans l'intérieur des ventricules des sillons d'un jaune pâle, très-superficiellement creusés dans la substance nerveuse, sinueux ou diversement contournés, et offrant par leur forme une analogie frappante avec les traînées que laissent certaines larves à la surface des matières organiques qu'elles ont attaquées. C'est le plus ordinairement vers l'une des extrémités de ces sillons ou bien dans leur voisinage, que l'on rencontre les vésicules alors qu'elles sont encore infiniment petites. Si les vers sont âgés de quatorze à dix-huit jours, les ampoules qui sont ovoïdes ou globuleuses, ont un diamètre qui varie entre $0^{mm},60$, $0^{mm},80$, et 1, 2 ou 3 millimètres. Le vingt-quatrième jour, elles

peuvent atteindre à peu près la grosseur d'un pois ; mais jusqu'alors leur membrane est restée demi-transparente, unie dans
toute son étendue, et n'offre encore aucun indice de la formation
prochaine des scolex. Nous avons constaté au contraire que, sur
des ampoules qui étaient âgées de trente-huit jours et qui appro-
chaient déjà du volume d'une cerise, il existait des points opaques agglomérés, qui, examinés au microscope, étaient formés
par des dépressions manifestes de la membrane de l'hydatide,
mais qui cependant ne laissaient point voir encore de ventouses
ni de crochets en voie de formation. D'autres vésicules recueillies
dans le crâne d'un agneau qui avait pris des proglottis cinquante-
deux jours auparavant, se sont trouvées à peu près du volume
d'une cerise, et ont offert de nombreux scolex à leur surface.
Mais ceux-ci, à en juger par leur volume, et par la forme et les
dimensions de leurs crochets, n'avaient pas encore atteint le
degré de développement qui leur est nécessaire pour se transformer en tænias dans l'intestin du chien. Ce n'a donc été que
sur deux agneaux, que nous avons sacrifiés soixante-dix-neuf ou
cent soixante-sept jours après leur avoir fait prendre des œufs
du *tænia cœnurus* (Küch.), que nous avons trouvé des vésicules
ayant produit des scolex entièrement développés ; encore avons-
nous conservé quelque doute relativement à ceux fournis par le
premier de ces animaux. Nous sommes donc autorisé à penser,
d'après nos expériences, que le complet développement des cœnures ne peut s'accomplir en moins de deux mois et demi ou
trois mois. Hâtons-nous d'ajouter que, même quand elles sont
arrivées à cette époque, les vésicules nourrices ne cessent point
de s'accroître. Bien au contraire, non-seulement elles prennent
chaque jour un plus grand volume, mais encore elles continuent de produire des scolex, de telle sorte que, sur les plus
grosses vésicules, il n'est pas rare de rencontrer tout à la fois des
scolex parfaitement formés, d'autres qui sont à l'état rudimentaires, et d'autres enfin qui offrent tous les intermédiaires possi-
bles entre ces deux états.

Lorsque les vésicules sont encore peu développées et qu'elles
sont logées à une certaine profondeur dans le cerveau, on les
trouve quelquefois engagées dans des infundibulums de forme
conique, dont les parois légèrement jaunâtres semblent formées
par de la substance nerveuse condensée sous l'influence de la
pression qu'elle a éprouvée. Plus tard, quand les vésicules ont
pris un volume plus considérable, on ne trouve plus de trace de
ces infundibulums, non plus que des sillons jaunes que nous

avons signalés plus haut ; mais tous les vétérinaires savent qu'en s'accroissant le cœnure comprime les diverses parties de l'encéphale assez énergiquement pour leur faire perdre entièrement la forme et le volume qu'elles ont normalement. Sous l'influence de cette pression les parois des grands ventricules se réduisent souvent au point de n'avoir plus que l'épaisseur d'une feuille de papier ; la substance nerveuse se revêt d'une membrane celluleuse, pénétrée de vaisseaux de récente formation qui la sépare de la vésicule, et qui prend par place une teinte d'un rouge violacé livide, rappelant la nuance de la fleur de belladone. Le plus souvent aussi cette membrane est comme enduite d'un dépôt granuleux qui donne au toucher la sensation d'une rape. Il n'est donc pas étonnant d'après cela que l'on voie disparaître, par suite de la pression que subit la substance nerveuse, des lésions qui, primitivement, s'étaient formées au moment de l'arrivée des proscolex dans le crâne.

Dans les diverses expériences que l'on a tentées jusqu'à présent sur le cœnure, c'est en introduisant des œufs du *tænia cœnurus* (Küch.) dans le tube digestif que l'on a réussi à faire naître des vésicules dans le cerveau. Nous avons dit plus haut comment le proscolex pour arriver dans le crâne progresse à travers les tissus. On trouve souvent des preuves évidentes de cette progression chez les animaux qui succombent pendant les expériences. Si en effet les animaux meurent peu de temps après avoir pris des proglottis, il n'est pas rare de rencontrer, comme nous l'avons nous-même constaté, sur la surface extérieure du cœur et au-dessous du feuillet viscéral du péricarde, dans l'intérieur des deux ventricules du cœur et au-dessous de l'endocarde, à la surface du poumon et au-dessous de la plèvre, à la surface de l'intestin et au-dessous du péritoine, entre les lames de l'épiploon et jusque sur le diaphragme et les parois de l'œsophage, des traces sinueuses d'un jaune pâle, diversement contournées, ayant au plus un centimètre et demi de longueur, en supposant qu'elles soient étendues, et qui, rapprochées des sillons jaunâtres de la surface de l'encéphale, offrent avec eux la plus parfaite identité.

Nous avons longtemps cherché en vain dans ces sillons les proscolex qui avaient dû les creuser ; mais en 1863 nous avons enfin trouvé en dehors du cerveau quatre vésicules chez un agneau qui avait pris des anneaux du *tænia cœnurus* (Küch.) vingt jours auparavant, et qui avait dans le crâne des cœnures gros comme des pois ; deux de ces vésicules, très-petites, transparentes, remplies d'un liquide limpide, existaient dans des sillons placés près de la pointe du cœur; les deux autres, plus petites encore, mais entièrement semblables d'ailleurs, occupaient des sillons placés à la surface du poumon. La présence de ces vésicules dans les traces sinueuses jaunâtres que l'on observe à la surface des divers organes chez les ruminants qui ont pris des œufs du *tænia cœnurus* (Küch.), ne permet donc pas de conserver des doutes sur l'origine de ces lésions. Elles sont bien, évidemment produites par des proscolex égarés qui meurent faute de pouvoir trouver en dehors des centres nerveux, les conditions indispensables à leur développement. Plus tard, à la place de ces vésicules, on trouve, chez les animaux qui succombent longtemps après le début de l'expérience, de petites tumeurs blanchâtres dont le volume varie entre celui d'une tête d'épingle et celui d'un pois. Ces tumeurs sont creusées à l'intérieur d'une cavité à parois blanchâtres, épaisses, fibreuses et résistantes, et renfermant une matière pulpeuse, un peu granuleuse au toucher qui fait effervescence avec les acides. Les scolex égarés se sont alors enkystés, ils sont morts, et entièrement dénaturés au sein des tissus dans lesquels ils se sont arrêtés.

Les détails dans lesquels nous venons d'entrer en rappelant rapidement quelques-unes de nos expériences suffisent pour qu'il soit facile de se rendre compte maintenant comment, dans la nature, les embryons du *tænia cœnurus* (Küch.) peuvent pénétrer jusque dans l'organisme des ruminants. En France, et dans beaucoup d'autres contrées de l'Europe, la garde des troupeaux est presque partout confiée à des chiens. Ces animaux reçoivent souvent de la main du berger, la tête et les autres issues des bêtes à laine, surtout lorsque celles-ci ont été tuées pour cause de tournis. Aussi doivent-ils héberger quelquefois dans leur intestin le *tænia cœnurus* (Küch.) et en répandre, avec leurs excréments, les œufs ou les proglottis qui demeurent sur l'herbe des pâturages, ou sur les fourrages, ou bien encore qui sont entraînés par les pluies jusque dans les eaux où doivent s'abreuver les herbivores. C'est donc en prenant leurs aliments et leurs boissons, dans ces conditions, que les ruminants sont exposés à introduire dans leur économie les proscolex dont le développement produit dans les centres nerveux le cœnure cérébral. C'est là que réside la seule cause du tournis, celle que l'on doit s'efforcer de neutraliser autant que possible, soit en écartant les chiens des troupeaux quand on peut le faire, soit en les surveillant assez pour les empêcher de s'infecter eux-mêmes de *tænia cœnurus* (Küch.), soit encore en les débarrassant promptement de ces vers, dès qu'on soupçonne qu'ils en sont infectés. Il est probable que dans un avenir sans doute encore très-éloigné, la précaution de ne point laisser manger aux chiens le cerveau des moutons morts du tournis, deviendra vulgaire parmi les populations des campagnes. Mais aujourd'hui que les notions qui résultent de la connaissance des phénomènes de la reproduction chez les cestoïdes ont à peine pénétré chez les hommes de science, cette précaution n'est pas observée, et le tournis, lorsqu'il apparaît dans un troupeau, doit reconnaître bien souvent pour cause première la présence du *tænia cœnurus* dans le tube digestif de l'un des chiens de l'exploitation rurale où sévit la maladie. Aussi, dans ce cas, le vétérinaire ne saurait-il attacher trop d'importance à faire surveiller rigoureusement les animaux de l'espèce canine, et même à leur faire administrer des anthelminthiques. Ce serait pour lui un moyen de remonter à l'origine du mal, de l'empêcher de s'étendre, et de débarrasser en même temps les chiens des parasites qui parfois les épuisent. Il ne faudrait pas négliger de se conformer à cette indication, même lorsque le début de la maladie remonte à une époque assez éloignée, car dans ce cas on n'est nullement autorisé à croire que les tænias d'où dérive le mal, ont disparu de l'intestin des chiens. Tout le monde sait que chez l'homme, le ver solitaire peut exister pendant plusieurs années et ne produire des proglottis que de temps à autre. Il paraît en être de même des tænias du chien, et en particulier du *tænia cœnurus* (Küch.). Nous avons possédé, pendant plusieurs années, une chienne qui avait pris une portion de cœnure le 19 avril 1858 et qui, pendant plus de deux ans et demi, a rendu presque chaque semaine des proglottis contenant des œufs mûrs que nous avons utilisés *avec succès* pour provoquer l'apparition du tournis chez des ruminants, dans quelques-unes de nos expériences. Elle est demeurée cependant toujours dans un excellent état de santé, et il est à présumer que si elle avait été employée à la garde d'un troupeau, les bergers n'auraient nullement songé à l'éloigner des ruminants, et qu'elle aurait ainsi pu répandre autour d'eux, en toute liberté, les germes d'où dérive le tournis.

Dans les conditions où se trouvent ordinairement les animaux de l'espèce ovine, ils n'introduisent presque jamais à la fois qu'un petit nombre d'œufs du *tænia cœnurus* (Küch.) dans leur économie, et ce n'est que dans les expériences que l'on a faites depuis quelques années que l'on a vu le crâne être envahi en même temps par 22, 24, 33, 43 et même 163 cœnures. Il est rare en effet de rencontrer plus de deux ou trois cœnures dans le cerveau des moutons qui succombent au tournis, et le plus souvent même on n'en trouve qu'un seul. On conçoit cependant qu'il n'est pas absolument impossible qu'une bête ovine prenne accidentellement un proglottis gorgé d'œufs, ou tout au moins un assez grand nombre d'œufs déposés dans un même point. Nous avons observé en 1861 un fait qui semble démontrer que cela arrive quelquefois. En effet, sur le cerveau d'un jeune mouton sacrifié pour la boucherie nous avons recueilli jusqu'à huit cœnures de la grosseur d'une cerise ou d'un pois, et dans le voisinage de ces vers à vessie, nous avons vu des sillons jaunâtres creusés dans la substance nerveuse. Il nous a paru utile de relever ce fait qui par l'analogie qu'il présente avec les résultats de certaines expériences ne laisse pas que d'être très-curieux.

Le mouton n'est pas le seul de nos ruminants qui soit exposé à être atteint du tournis. Dans nos contrées, cette maladie se fait observer de temps à autre chez la chèvre : elle est beaucoup plus rare chez le bœuf. D'après M. de Siébold elle serait assez commune au contraire chez les bœufs de l'Allemagne méridionale, et nous savons, par un article que M. Prince a publié dans le *Journal des Vétérinaires du Midi*, qu'il en est de même assez souvent dans le Jura français. Nous avons démontré par des études comparatives des scolex du cœnure du bœuf, de la chèvre et du mouton, ainsi que par des expériences entreprises en même temps sur ces trois ruminants, que c'est une seule et même espèce zoologique du genre tænia, c'est-à-dire le *tænia cœnurus* (Küch.), qui détermine le tournis chez ces trois animaux. C'est assez dire que pour la chèvre et le bœuf, il y a lieu de prendre les mêmes précautions que nous avons recommandées pour l'espèce ovine.

D'après un article d'un journal allemand (Thierarzt, 1864, p. 54) dont M. Zundel a donné l'analyse dans le *Journal vétérinaire de Lyon*, les vétérinaires de Trakehnen auraient trouvé dans le cerveau d'un cheval étalon une hydatide analogue (?) au cœnure cérébral du mouton.

Le développement des scolex du *cœnurus cerebralis* (Küch.) en strobiles dans l'intestin du chien se fait comme celui des scolex du *cysticercus pisiformis* (Zeder). On comprend d'ailleurs que chaque scolex, lorsqu'il est suffisamment formé, donne naissance à un tænia distinct. C'est la seule différence essentielle que nous ayons à signaler. Les scolex paraissent exiger deux mois, ou deux mois et demi de séjour dans l'intestin du chien, pour être en état de fournir des proglottis susceptibles de donner des œufs mûrs.

Le *tænia cœnurus* (Küch.) parait être beaucoup plus rare dans l'intestin du chien que le *tænia serrata* (Gœze) et même que le *tænia cysticerci tenuicollis* (Leuc.). Nous l'avons rencontré deux fois dans les intestins de chiens morts dans les infirmeries de l'École de Toulouse. M. Chauveau (comm. in litter.) l'a trouvé une fois à Lyon sur le chien d'un colporteur, et a pu à l'aide des proglottis recueillis dans cette circonstance provoquer le tournis chez des ruminants.

Tænia serialis (Baillet). — Ver long de 45 à 72 centimètres, au moment où ses proglottis commencent à se détacher, composé alors de 150 articles environ, et même plus. Tête globuleuse tétragone large de $0^{mm},85$ à $1^{mm},30$. Trompe assez saillante, double couronne composée de 26 à 32 crochets, les plus grands longs de $0^{mm},135$ à $0^{mm},157$, à lame égalant à peu près le manche ou restant un peu plus courte que lui. Petit crochets longs de $0^{mm},085$ à $0^{mm},112$, à lame égalant le manche ou plus longue qne lui, à garde manifestement bilobée. Premiers anneaux commençant à apparaître à 2 on 3 millimètres en arrière de la tête, les suivants très-semblables à ceux du *tænia cœnurus* (Küch.), les derniers longs de 8 à 16 millimètres, larges de 3 à 4 millimètres à angles postérieurs très-saillants sur les proglottis au moment où ils se détachent. Bord postérieur des anneaux droit. Tube du testicule traversant par son extrémité libre une poche à peu près cylindrique ou à peine renflée dans son fond. Vagin dilaté d'une manière assez sensible au moment de s'ouvrir dans le vestibule génital. OEufs presque circulaires longs de $0^{mm},034$, larges de $0^{mm},027$, munis de deux enveloppes, et en dehors de celles-ci d'une troisième très-large et très-transparente, susceptible de disparaître assez souvent d'une manière plus ou moins complète.

Le *tænia serialis*, très-voisin du *tænia cœnurus*, habite l'intestin du chien dans lequel nous l'avons plusieurs fois rencontré. Il est moins commun que le *tænia serrata* (Gœze). Son scolex est le *cœnurus serialis* (P. Gerv.) trouvé d'abord par M. E. Rousseau dans le canal rachidien d'un lapin de garenne, et depuis lors et à différentes reprises par M. Prince et par nous-même dans le tissu cellulaire de diverses régions du corps de plusieurs rongeurs de la même espèce. Le *cœnurus serialis* (P. Gerv.) est un ver vésiculaire très-semblable au *cœnurus cerebralis* (Rud.). Son ampoule peut acquérir le volume d'un œuf de poule, mais elle porte déjà de nombreux scolex, lorsqu'elle est simplement de la grosseur d'une noix. Elle est en général un peu plus longue que large, et lorsqu'elle occupe le tissu cellulaire intermusculaire son grand axe est parallèle à la direction des fibres contractiles. Ses scolex complétement développés sont trois ou quatre fois plus gros que

ceux du cœnure cérébral, et leur extrémité libre est souvent contournée en volute. Ils sont quelquefois distribués sans ordre,
mais le plus ordinairement cependant, ils sont en séries linéaires
non parallèles entre elles. Leurs têtes offrent d'ailleurs tous les
caractères que nous avons indiqués pour celle du strobile. Comme
pour le cœnure cérébral, chaque scolex est susceptible de se développer en tænia dans l'intestin du chien. L'ampoule vésiculeuse du *cœnurus serialis* offre une particularité que ne présente
jamais celle du cœnurus cerebralis. C'est celle de produire quelquefois, mais non pas toujours, par voie de bourgeonnement,
soit à sa face interne, soit à sa face externe, d'autres ampoules
organisées comme elle, et douées de la propriété de faire naître
des scolex en tout semblables à ceux de l'ampoule mère. Les vésicules externes restent souvent fixées par une sorte de pédicelle
à l'ampoule mère; les vésicules internes au contraire après un
certain temps flottent dans le liquide albumineux que contient
l'ampoule primitive.

Nous avons démontré, dans un travail publié dans les mémoires
de l'Académie des sciences de Toulouse, que les *cœnurus serialis* (P. Gerv.) du lapin résultent du développement des proscolex
sortis des œufs du *tænia serialis*. Les voies par lesquelles ces
proscolex arrivent dans le tissu cellulaire sont les mêmes que
suivent les proscolex du *tænia cœnurus* (Küch.). Portés dans les
tissus à la faveur du cours du sang, les embryons sortent des
vaisseaux capillaires, et cherchent à s'installer dans des conditions favorables à leur développement ultérieur. Ils creusent alors
dans le tissu cellulaire de toutes les régions du corps, sous le
péritoine, sous la plèvre, entre les muscles, des galeries plus ou
moins allongées, généralement effilées et très-grêles à un bout,
plus larges à l'autre, et toujours remplies d'une matière pulpeuse, onctueuse au toucher, d'un blanc jaunâtre très-pâle qui
tranche nettement sur le fond rougeâtre que forme autour d'elle
du sang épanché en petite quantité et coagulé dans le tissu cellulaire. Dans diverses expériences que nous avons faites, dix-
huit à vingt-cinq jours après avoir fait prendre à des lapins des
œufs du tænia serialis, nous avons retrouvé dans les galeries
que nous venons de décrire, les proscolex qui avaient revêtu la
forme d'ampoules ovoïdes ou sphéroïdes offrant un diamètre de
$0^{mm},75$ à $2^{mm},50$. Après trente jours, ces vésicules sont du volume
d'un pois; elles sont plus grosses qu'une cerise à la fin du
deuxième mois et commencent déjà à porter des scolex. Enfin
nous en avons vu qui après trois mois avaient au moins le vo-

lume d'une noix. Parmi ces dernières, quelques-unes avaient déjà produit d'autres vésicules retenues à leur surface par un court pédicelle. Observons d'ailleurs que sur les vésicules nourrices du *cœnurus serialis* de même que sur celles du *cœnurus cerebralis*, les scolex ne naissent pas tous en même temps, et que par conséquent, sur une même ampoule, on les trouve à différents degrés de développement.

Ce ne peut être qu'en prenant leurs aliments que les lapins introduisent dans leur économie les œufs du *tœnia serialis*. Il est à remarquer que la presque totalité des cœnures de cette espèce que nous avons trouvés sans en avoir provoqué la formation, ont été recueillis chez des lapins de garenne. Cela semblerait indiquer que le tœnia qui les produit doit habiter dans l'intestin de quelque carnassier vivant ordinairement dans les mêmes lieux que les lapins sauvages. Le développement de ce tœnia chez le chien serait alors purement accidentel.

Tœnia crassicol. *Tœnia crassicollis* (Rud.) — Ver long de 15 à 40 et même 60 centim. Tête assez grosse, suivi d'un cou aussi large ou plus large qu'elle, le corps n'offrant point de rétrécissement ou de partie filiforme en arrière de la tête. Double couronne composée de 26 à 36 crochets. (48 à 52, Dujardin), les plus grands longs de $0^{mm},40$ à $0^{mm},42$, ayant la lame plus courte que l'apophyse inférieure, et la garde à base large, à sommet subaigu et un peu infléchi en bas ; les plus petits longs de $0^{mm},25$ à $0^{mm},27$, à lame un peu plus courte que l'apophyse inférieure. Premiers anneaux plus larges et plus épais que dans les autres tœnias, et commençant immédiatement en arrière de la tête. Anneaux suivants devenant carrés à 15 à 20 centimètres en arrière de la tête où ils ont en longueur et en largeur de 4 à 5 millimètres. Derniers anneaux longs de 8 à 10 millimètres, larges de 5 à 6 millimètres. Branches de la matrice assez larges et irrégulières. Œufs circulaires ayant un diamètre de $0^{mm},034$ à $0^{mm},037$.

Le *tœnia crassicollis* est assez commun dans l'intestin grêle du chat. Son scolex est le *cysticercus fasciolaris* (Rud.) que l'on rencontre dans le foie de la souris, du rat, et des autres rongeurs du genre *mus* et des genres voisins. Il est rare de rencontrer plus d'un cysticerque dans le foie de ces petits animaux. Le *cysticercus fasciolaris* (Rud.) est toujours pelotonné dans un kyste dont sa présence a provoqué la formation. Sa longueur varie entre 3 et 20 centimètres et même plus. La partie antérieure, large de 4 à 5 millimètres, laisse voir la fente qui indique l'invagination de la tête ; dans sa partie large qui ne présente point de véritables anneaux, le corps est plissé et ondulé sur les bords ; il est aplati de dessus en dessous dans la plus grande partie du rest de son étendue, jusqu'à la vésicule qui le termine. On distingue nettement, dans toute cette partie, des anneaux qui sont quadrilatères, tous plus courts que larges, et se débordant finement en dents de scie aiguës sur les côtés. Ils sont entièrement dépourvus d'organes génitaux. La vésicule est globuleuse ou ovoïde, très-petite, et souvent elle offre à peine le volume d'un petit pois. La tête sortie de son invagination est en tout semblable à celle du *tænia crassicollis* (Rud.). Le corps et les parois de l'ampoule qui le termine sont criblés de corpuscules calcaires généralement ovales et ayant un diamètre de $0^{mm},004$ à $0^{mm},013$. Bien qu'il diffère beaucoup des autres cysticerques, le *cysticercus fasciolaris* (Rud.) paraît cependant se développer comme les autres vers de ce groupe, car nous avons constaté dans diverses expériences que, pour lui comme pour les autres cystiques, l'ampoule nourrice apparaît la première dans le foie des rats et des souris auxquels on a fait prendre des œufs du *tænia crassicollis* (Rud.).

Les détails dans lesquels nous sommes entré précédemment, nous dispenseront de répéter comment le *cysticercus fasciolaris* se transforme en tænia dans l'intestin du chat. Nous ne devons pas oublier cependant de faire observer que le *tænia crassicollis* (Rud.) et son scolex ont été les premiers à frapper par leur grande ressemblance les helminthologistes, et que dès 1844 M. de Siébold, sans s'expliquer parfaitement le fait, avait déjà vu le *cysticercus fasciolaris* (Rud.) perdre sa vésicule dans l'intestin du chat, et se transformer en *tænia crassicollis* (Rud.).

Tænia échinocoque. *Tænia echinococcus* (Siéb.). *Tænia Pusilla* (Auct. Pler.). — Ver long de 3 ou 4 millimètres tout au plus, toujours composé d'un très-petit nombres d'articles (3 ou 4) le dernier offrant déjà des œufs murs alors que le strobile tout entier n'est encore formé que de trois articles Double couronne composée de 30 à 36 crochets inégaux, les uns grands, longs de $0^{mm},022$ à $0^{mm},029$, les autres petits n'ayant pas plus de $0^{mm},018$ à $0^{mm},020$ de longueur, tous remarquables par le développement considérable de l'apophyse moyenne dont le sommet se dirige un peu vers la pointe du crochet. Pénis faisant souvent saillie au-dessous du milieu de la hauteur de l'anneau. Matrice en palmette très-irrégulière. Œufs sphériques.

Le *tænia echinococcus* (Siéb.) n'est connu que depuis que l'on a déterminé expérimentalement la transformation des scolex de l'*echinococcus veterinorum* (Rud.) en tænias dans l'intestin du chien. Cependant, même avant cette époque, M. Roll avait trouvé un grand nombre de ces vers dans l'intestin d'un chien et les avait considérés comme de jeunes *tænia serrata* (Gœze). Il est probable que les petits tænias signalés par Rudolphi comme s'é-tant formés par voie de génération spontanée dans l'intestin d'un chien étaient aussi de cette espèce. Enfin M. P. Gervais a découvert en 1852 des milliers de ces petits tænias dans l'intestin grêle d'un chien et les a considérés dès lors comme dérivant d'une colonie d'échinocoques qui se trouvait probablement dans la nourriture du carnassier. Le *tænia echinococcus* (Siéb.) est donc une espèce que l'on peut considérer comme se développant chez les chiens par suite de leur régime alimentaire, et sans qu'il soit besoin d'en provoquer expérimentalement l'apparition. Le scolex de cette espèce l'*echinococcus veterinorum* (Rud.), *echinococcus polymorphus* (Auct. Pler.), est connu depuis fort longtemps. C'est un cystique polycéphale dont la membrane ressemble à celle du cœnure. L'ampoule qui le constitue varie beaucoup dans sa grosseur. Dans le foie du cochon domestique, elle acquiert ordinairement le volume d'un œuf de pigeon. Chez nos ruminants domestiques elle devient souvent plus volumineuse, et parfois elle est assez irrégulière, par suite des pressions qu'elle a éprouvées de la part des tissus au milieu desquels elle s'est développée. Elle est toujours enveloppée d'un kyste dont sa présence a provoqué la formation. Comme nous l'avons dit déjà, d'après M. Davaine, la vésicule de l'échinocoque se compose de la membrane hydatique et de la membrane germinale. Cette dernière seule peut produire par gemmation les scolex de l'échinocoque, tandis que la première peut, dans certains cas, faire naître d'autres hydatides semblables à elle. Quoi qu'il en soit, les scolex, après être restés adhérents pendant un certain temps à la membrane germinale à laquelle ils sont fixés par un petit pédicelle membraneux, se détachent et nagent librement dans le liquide dont l'ampoule est remplie. Ils sont arrondis ou ovoïdes, très-petits, gros à peine comme des graines de pavot. Dans une hydatide du foie du lapin domestique nous en avons recueilli qui n'avaient pas plus de $0^{mm},17$ à $0^{mm},20$ en longueur et $0^{mm},13$ à $0^{mm},16$ en épaisseur. Ceux d'une hydatide tirée du foie d'une vache étaient un peu plus gros. Ils étaient longs de $0^{mm},22$ à $0^{mm},26$ et larges de $0^{mm},15$ à $0^{mm},18$. Chez ces scolex on voit nettement, par transparence, l'invagination au fond de laquelle se trouvent les crochets et les ventouses, car cette invagination ne paraît pas se détruire tant que les scolex restent dans la vésicule. Le corps porte dans ses parois des corpuscules calcaires qui sont relativement très-volumineux. Quand l'invagination est détruite, le petit animal a la forme d'un champignon, la partie renflée correspondant à la tête, tandis que le pied est constitué par le corps très-court. La tête offre du reste tous les caractères que nous avons assignés à celle du strobila. Transportés dans l'intestin du chien, les scolex de l'échinocoque se transforment rapidement en tænias ; du quinzième au vingt-deuxième jour, ils offrent déjà deux articles ; bientôt il s'en forme un troisième ; et du vingt-sixième au vingt-neuvième jour, d'après M. de Siébold, on peut constater que le dernier de ces anneaux renferme des œufs mûrs, et dans lesquels l'embryon est parfaitement visible. Nous devons dire cependant que, dans une de nos expériences, nous n'avons point trouvé d'œufs mûrs dans les organes génitaux de nombreux tænia echinococcus âgés de cinquante-quatre jours. Le tænia echinococcus perd souvent ses crochets en partie ou en totalité dès qu'il est arrivé à l'âge adulte. Il est inutile d'ajouter que ce sont les œufs de ce *tænia* qui déterminent la formation des échinocoques, lorsqu'avec les aliments ou les boissons ils pénètrent dans l'organisme des mammifères.

L'*echinococcus veterinorum* (Rud.) habite le foie, la rate, le poumon, ou plus rarement les autres organes du bœuf, du mouton, du cheval, du porc et de beaucoup d'autres animaux. J'en ai trouvé un, de la grosseur d'un œuf de pigeon, dans le lobe droit du foie d'un lapin. On le rencontre trop fréquemment chez l'homme où sa présence détermine parfois des maladies fort graves.

Après avoir vécu pendant un certain temps au milieu des organes de l'homme ou des animaux, les vésicules de l'échinocoque peuvent se détruire avec les scolex qu'elles renferment, et subir une transformation particulière qui leur a fait donner la qualification de *kystes* ou de *tumeurs hydatiques athéromateuses.* « Cette destruction, dit M. Davaine, est déterminée par l'action « de la poche qui les renferme ; au moins la masse entière de la « tumeur offre-t-elle des transformations qui ne paraissent point « procéder des hydatides.

« Lorsque le ver vésiculaire est solitaire, ou lorsqu'étant mul-« tiples, ces vers ont leur vésicule appliquée au kyste sans inter-« position de liquide, une matière d'apparence tuberculeuse ou « sébacée, demi-liquide et visqueuse, quelquefois épaisse et « consistante, se dépose par couches sur la face interne du « kyste ; cette matière s'accumule et enveloppe complétement la « vésicule hydatique, ou la refoule vers un des côtés de la poche ; « Le liquide contenu dans l'hydatide reste ordinairement lim-« pide ; mais il diminue de quantité, et la vésicule s'affaisse et se « plisse ; en même temps le kyste se resserre, au moins d'après

« toutes les apparences, et contribue de cette manière à effacer
« de plus en plus la cavité du ver vésiculaire.

« Avec le temps la matière sécrétée s'épaissit, se concrète, et
« prend l'aspect du mastic des vitriers et quelquefois celui de la
« craie ; l'hydatide se réduit à quelques lambeaux membraneux
« et finit même par disparaître ; les échinocoques qui sont dé-
« truits depuis longtemps ne sont plus représentés que par leurs
« crochets. « L'hydatide se transforme entièrement, dit Bremser
« en parlant de celle du bœuf, en une masse calcaire que l'on
« peut quelquefois détacher aussi facilement que l'hydatide
« saine de l'organe dans lequel elle se trouve. »

« Dans d'autres cas, chez l'homme, la tumeur hydatique subit
« des transformations différentes en apparence, quoique toujours
« de même nature ; la matière qui remplit le kyste est liquide et
« ressemble, pour l'aspect, à du pus ou à du tubercule ramolli. »
Mais l'examen microscopique démontre que ce liquide, qui ne
contient point de globules purulents, n'est autre chose que de la
sérosité tenant en suspension de la matière athéromateuse, des
débris d'hydatides, et des crochets d'échinocoques. Dans la plupart des cas, la transformation athéromateuse des vésicules
d'échinocoques met un terme à la désorganisation que ces parasites portent au sein des tissus, et amène par conséquent une
terminaison favorable de la maladie qu'ils avaient provoquée. Il
n'est pas rare d'ailleurs de rencontrer, surtout chez les bêtes
bovines, des hydatides ayant subi cette transformation, et d'autres
qui sont encore parfaitement saines.

M. Delafond a signalé dans la cavité péritonéale du mouton de
petits échinocoques dont il n'a pas donné la description.

IIe SECTION.—**Tænias armés de crochets en forme d'aiguillons de rosiers.**
— Tête globuleuse, pourvue d'une trompe en massue, rétractile dans une
poche située au centre de la tête, entre les quatre ventouses. Trompe armée
de crochets disposés sur trois rangs en quinconce sur le tiers antérieur. Crochets petits, très-nombreux, manquant d'apophyse moyenne et d'apophyse
inférieure, fixés sur la trompe par une base élargie, de forme ovale ou circulaire, tous égaux, caducs et présentant la forme d'aiguillons de rosiers.
Cou assez long. Premiers anneaux grêles, étroits, courts et trapezoïdes, ..
débordant fortement sur les côtés par leurs angles postérieurs, les suivants
prenant peu à peu plus de longueur et plus de largeur, pour devenir d'abord
à peu près carrés, puis enfin plus longs que larges et en forme de graines
de melons, ces derniers anneaux longs de 7 à 10 millimètres et larges de
3 millimètres. Orifices génitaux doubles, un de chaque côté sur chaque anneau, s'ouvrant dans des tubercules peu saillants. Deux testicules dans chaque anneau, formés chacun par une agglomération de cellules ou vésicules,

de laquelle part un canal déférent qui traverse une sorte de vestibule génital et constitue par son extrémité libre le pénis. Matrice sous forme d'une poche qui remplit la presque totalité de l'anneau et s'avance à une petite distance des bords. Œufs presque globuleux à enveloppes très-transparentes, très-nombreux, et agglutinés par une substance gélatineuse diaphane, en petites masses de 15 à 20. Embryons très-visibles armés de six crochets, et s'agitant souvent dans l'intérieur des œufs.

Nous n'avons à signaler dans cette section que deux espèces qui sont tellement rapprochées l'une de l'autre que nous soupçonnons fort qu'elles n'en constituent qu'une seule. Voici néanmoins les caractères particuliers que nous avons observés pour chacune d'elles.

Tænia du chien *ou* **tænia cucumerin.** *Tænia canina* (L). *Tænia cucumerina* (Bloch. et Auct. Pler.).— Ver long de 10 à 40 centimètres, ayant 3 millimètres dans sa plus grande largeur. Crochets à lame longue de $0^{mm},0116$ à base à peu près circulaire ayant un diamètre de $0^{mm},116$ à $0^{mm},117$. Vestibule génital cylindroïde, ou plus large vers le bord de l'anneau que vers le centre, disposé obliquement relativement au grand axe de l'anneau. Œufs globuleux ayant un diamètre de $0^{mm},037$ à $0^{mm},046$, renfermant un embryon long de $0^{mm},023$, à $0^{mm},030$, et pourvu de crochets longs de $0^{mm},04$ environ.

Ainsi que son nom l'indique, ce tænia habite l'intestin grêle du chien où il est excessivement commun. On ne sait rien sur ses migrations et ses métamorphoses.

Tænia elliptique. *Tænia elliptica* (Batsch.) *Tænia canina felis* (Werner), Ver long de 10 à 30 centimètres, ayant au plus 3 millimètres dans sa plus grande largeur. Crochets à lame longue de $0^{mm},010$, ayant une base à peu près circulaire, dont le diamètre est de $0^{mm},013$. Vestibule génital de forme olivaire disposé perpendiculairement au grand axe de l'anneau. Œufs globuleux ayant un diamètre de $0^{mm},049$ à $0^{mm},054$.

Le *tænia elliptica* (Batsch.) se trouve de temps à autre dans l'intestin grêle du chat domestique. On ne sait point encore quel est son scolex.

IIe SECTION. **Tænias inermes.** — Tête globuleuse ou plus ou moins rigide tétragone, pourvue de quatre ventouses plus ou moins saillantes; manquant de crochets et de trompe, celle-ci étant remplacée par une dépression plus ou moins marquée. Anneaux très-variables dans leurs formes, ainsi que les organes génitaux suivant les espèces.

A l'exception du *tænia mediocanellata* (Küch.) de l'homme, toutes les espèces de cette section ne sont encore connues que dans leur état strobilaire. On ne sait rien par conséquent de leurs migrations et de leurs métamorphoses ? Presque toutes sont parasites des herbivores. Nous en signalerons deux cependant qui habitent l'intestin de nos carnassiers domestiques et qui jusqu'à présent n'ont encore été décrites par personne, au moins à notre connaissance, bien qu'elles soient assez communes.

Tænia mediocanellata (Küch.) — « Tænia très-long, très-large et très-
« épais, tête inerme, grande, large de 2 millimètres, noirâtre, normale-
« ment inclinée sur l'une des faces du col ; rostre nul, ventouses très-gran-
« des ; cou très-court, mais plus distinct que celui du tænia solium armé ;
« système de canaux plus simples dans la tête que chez le tænia armé ;
« corpuscules calcaires plus grands et plus nombreux que chez ce dernier ;
« articles postérieurs très-larges, ayant jusqu'à 17 millimètres et de 9 à 14
« millimètres en longueur ; pores génitaux irrégulièrement alternes ; pro-
« glottis très-grands, très-vivaces, sortant souvent d'eux-mêmes de l'anus
« dans l'intervalle des défécations et très-incommodes, ayant dans leur plus
« grande extension de 25 à 30 millimètres de longueur et jusqu'à 7 milli-
« mètres de largeur ; utérus ayant un grand nombre de divisions, jusqu'à
« 30 de chaque côté, claviformes vers le bord libre, bifurquées vers le som-
« met et parallèles entre elles ; ovules (œufs) plus ovales, plus lisses et plus
« clairs que ceux du tænia solium, laissant mieux voir leur embryon, longs
« de 0^{mm},036 et larges de 0^{mm},028 à 0^{mm},033 ; coque épaisse ; embryons
« longs de 0^{mm},028 à 0^{mm},032, larges de 0^{mm},023 à 0^{mm},026. » (Davaine.)

Le *tænia mediocanellata* (Küch.) habite l'intestin de l'homme. Nous nous serions abstenu de parler de cette espèce si quelques expériences de M. R. Leuckart ne tendaient à démontrer que son scolex peut vivre chez les animaux de boucherie. Voici ce que dit à ce sujet M. van Bénéden : « Tenant compte de tous les faits
« qui se rattachent à l'histoire de ce ver, le savant et habile
« professeur de Giessen (M. Leuckart) a été conduit à faire
« prendre des œufs du *tænia mediocanellata* à des veaux, et, au
« bout de peu de temps, il a vu se développer une si abondante
« quantité de cysticerques, dans les muscles surtout, qu'il en est
« résulté une sorte de ladrerie. Et ce qui donne surtout à cette
« expérience une haute valeur, c'est que ce cysticerque présente
« déjà dans les kystes du veau tous les caractères distinctifs du
« tænia adulte. Ainsi le tænia se développe aussi par l'usage de
« la viande de veau et de bœuf, mais c'est une espèce particu-
« lière qui a toujours été confondue avec le *tænia solium*. Dans
« l'état actuel de la science il est permis d'affirmer que le *tænia*
« *solium* s'introduit chez l'homme par le porc, le *tænia medio-*
« *canellata* par le veau ou le bœuf, et le botriocéphale ou le tænia
« large des anciens auteurs par l'eau. » (Comptes rendus de l'Institut, 1862, p. 1159.)

D'après **M. Leuckart** les vésicules des cysticerques du tænia mediocanellata ont, après dix-sept jours, 2 à 4 millim. de longueur et 1 millim. 1/2 à 2 millim. 1/2 de largeur. Déjà leur tête commence à se dessiner. Ces cysticerques peuvent se rencontrer dans tous les muscles du veau, mais ils se trouvent surtout dans ceux du cou et de la poitrine.

Tænia faux-cucumerin. *Tænia pseudo-cucumerina* (Nobis.) — Ver pouvant atteindre 1 mètre 50 centimètres ou 2 mètres de longueur. Tête globuleuse un peu déprimée, souvent un peu bilobée, large de $0^{mm},70$ à $0^{mm},90$, pourvue de ventouses elliptiques, larges de $0^{mm},24$ à $0^{mm},25$. Point de trompe ni de crochets. Cou s'amincissant insensiblement jusqu'à une certaine distance en arrière de la tête, puis reprenant ensuite peu à peu une largenr plus grande. Premières traces d'anneaux sous forme de lignes transversales à 25 ou 30 millimètres en arrière de la tête, les premiers anneaux n'apparaissant réellement que 8 ou 10 millimètres plus loin. Premiers anneaux quadrilatères se débordant à peine par leurs angles postérieurs, restant courts et étroits dans une longue étendue, ce qui fait que toute la partie antérieure du corps est très-fine et longuement filiforme. Anneaux les plus longs ayant de 4 à 6 millimètres en longueur, et 2 à 3 millimètres en largeur, deprimés et à angles postérieurs un peu relevés comme les bords d'une cloche. Premières traces des organes génitaux apparaissant à 15 ou 20 centimètres en arrière de la tête, et étant indiquées par un point d'un blanc nacré, placé dans l'intérieur de l'anneau et plus rapproché du bord antérieurque du postérieur ; ce point devenant de plus en plus marqué, gagnant sur le bord postérieur, et prenant parfois dans les derniers anneaux une couleur d'un fauve clair. Point d'orifices génitaux distincts sur les bords latéraux des anneaux. Organes génitaux représentés dans les premiers anneaux par une ampoule que l'on voit d'une manière confuse au milieu de cellules irrégulièrement circulaires, ampoule à laquelle s'ajoute bientôt un tube diversement contourné autour d'elle. Organes génitaux des derniers anneaux formés par une ampoule pyriforme, située près du bord postérieur de l'anneau, et se continuant en avant par un tube très-large, sinueux, contourné et replié qui vient se terminer près du bord antérieur. Tout cet appareil rempli d'œufs et ne paraissant pas communiquer avec l'extérienr. Derniers anneaux murs se détachant en proglottis distincts. Œufs très-nombreux à enveloppe transparente, longs de $0^{mm},046$ à $0^{mm},052$, larges de $0^{mm},040$ à $0^{mm},043$, contenant un embryon, long de $0^{mm},043$ à $0^{mm},049$ et dont les crochets sont longs de $0^{mm},009$ à $0^{mm},011$. Cet embryon agitant sans cesse ses crochets dans l'intérieur de l'œuf.

Ce tænia est assez commun dans l'intestin du chien, et il est souvent fixé assez solidement à la muqueuse pour qu'il soit difficile de l'avoir entier avec la tête. Par un examen très-superficiel, on peut le confondre avec le *tænia cucumerina* (Bloch.), et c'est ce qui nous a décidé à lui donner le nom spécifique sous lequel nous le désignons depuis plusieurs années dans nos cours. L'absence de tubercules saillants sur les côtés de ses anneaux et l'organisation de son appareil génital le font un peu ressembler à un botriocéphale. Ce n'est point cependant le *botriocephalus serratus* (Dies.), le seul ver de ce genre que l'on ait signalé chez le chien, car il n'en a pas les caractères, et sa tête est bien celle d'un tænia inerme. Ce sont les embryons de ce ver que nous avons retrouvés pleins de vie dans des anneaux qui avaient séjourné vingt-quatre heures dans la glace, et dans d'autres anneaux qui avaient été presque complétement desséchés à l'air libre, à l'ombre ou au soleil.

Tænia faux-elliptique. *Tænia pseudo-elliptica* (Nobis). — Cette espèce très-voisine de la précédente s'en distingue par sa longueur moindre, par ses anneaux plus courts et plus étroits et par ses œufs, dont le diamètre est de $0^{mm},034$ à $0^{mm},036$. L'une et l'autre ont besoin d'être étudiées de nouveau.

Le *tænia pseudo-elliptica* habite l'intestin grêle du chat.

Tænia perfolié. *Tænia perfoliata* (Gœze.) — Ver long de 15 à 30 millimètres pouvant atteindre d'après Rudolphi jusqu'à 80 millimètres. Tête assez grosse, tétragone, arrondie, parfois prolongée en arrière par des tubes plus ou moins distincts, quelquefois saillante en avant des premiers anneaux, d'autrefois engagée et comme rentrée dans une sorte d'échancrure que lui forment les premiers articles en se courbant en arc à sa base. Point de trompe ni de couronne de crochets. Articles tous beaucoup plus courts que larges, les neuf ou dix premiers s'élargissant successivement jusqu'à ce que le corps ait atteint une largeur moyenne de 4 à 5 millimètres. Anneaux tous épais se recouvrant par leurs bords postérieurs, et se débordant plus ou moins par les angles postérieurs qui, dans les derniers anneaux, sont souvent un peu arrondis. Organes sexuels séparés ou à peu près séparés, les six ou huit premiers articles sans organes génitaux, les suivants jusqu'au 19e exclusivement mâles, tous les autres exclusivement femelles, à l'exception des deux ou trois qui suivent le 19e dans lesquels on reconnaît avec un ovaire encore imparfait quelques traces de testicule. Articles mâles tous pourvus d'un tubercule saillant qui indique l'orifice génital et qui est constamment situé du même côté pour tous les articles. Dans chaque article mâle un seul testicule qui semble prendre naissance vers le centre de l'anneau, par une réunion de petites cellules ovalaires, pédicellées, se réunissant bientôt en un tube commun un peu sinueux, renflé en olive avant d'arriver au bord de l'anneau, puis reprenant le diamètre d'un tube grêle pour pénétrer dans le vestibule génital qu'il traverse de part en part pour se terminer au dehors en un pénis assez longuement pendant. Dans chaque article femelle un seul ovaire en palmette transversale, à branches assez épaisses. Œufs prismatiques triquètres longs de $0^{mm},073$, larges de $0^{mm},052$ et contenant un embryon qui est armé de six crochets et s'agite sans cesse dans l'œuf.

Le *tænia perfoliata* (Gœze) se rencontre assez fréquemment dans l'intestin grêle du cheval, et particulièrement dans le duodénum. Rudolphi et d'autres helminthologistes l'ont aussi trouvé dans le cæcum et dans le colon du même animal.

Tænia plissé. *Tænia plicata* (Rud.). — « Long de 160 à 800 millimètres, « large de 6 à 18 millimètres, formé d'articles très-nombreux, six à dix « fois aussi larges que longs ; tête plus large que chez aucun autre tænia, « large de 5 à 6 millimètres, en forme de disque tétragone, mais bien moins « longue que large. Ventouses dirigées en avant ; cou court, ridé ou plissé « transversalement ; articles un peu plus étroits en avant, et recouverts en « partie par le bord postérieur de l'article précédent. Orifices génitaux « unilatéraux. »

« Trouvé dans l'intestin grêle du cheval, et même dans l'esto- « mac plus rarement que le précédent. » (Dujardin.)

« Il n'y a pas longtemps, un homme fort distingué, en parlant « de ces vers, nous disait que les jeunes *tænia plicata* qui pro- « viennent des intestins du cheval peuvent devenir des *cysticer-* « *cus fistularis* dans l'abdomen du même animal. » (P. Gervais et van Bénéden.)

Tænia mamillan. *Tænia mamillana* (Mehlis.) — « Sa tête est obtuse « tétragone, avec des ventouses hémisphériques à ouvertures allongées. Le « cou du strobile est nul et les segments sont cunéiformes. Le pénis du « proglottis est marginal et entouré d'une grosse papille.

« Cet entozoaire est long de 10 à 12 millimètres et large de 4.

« On le trouve dans l'intestin du cheval. » (Paul Gervais et van Bénéden).

Nous n'avons jamais eu l'occasion d'étudier ni l'une ni l'autre des deux espèces qui précèdent. Nous nous sommes donc borné à transcrire simplement les descriptions qui en sont données par Dujardin et par MM. P. Gervais et van Bénéden. Nous ne savons s'il faut rapporter à l'une ou à l'autre un tænia dont nous avons trouvé une seule fois quatre individus dans le gros intestin d'un mulet. Voici d'ailleurs la description de ce tænia.

Tænia . . . . *Tænia.* . . . . ? Ver long de 6 à 7 centimètres. Tête tétragone assez épaisse, large de 2 millimètres et demi à 3 millimètres portant en arrière quatre appendices (deux de chaque côté) qui la débordent et s'appuient sur les premiers anneaux. Quatres ventouses circulaires assez saillantes, fortement creusées au centre. Point de trompe ni de crochets. Corps ayant de 4 à 5 millimètres de largeur en arrière de la tête, et s'élargissant ensuite très-rapidement jusqu'à avoir bientôt une largeur de 14 à 15 millimètres qu'il conserve dans tout le reste de son étendue, très-finement denticulé en scie sur ses bords, et formé par des anneaux qui semblent appliqués les uns contre les autres comme les feuillets d'un livre, et n'adhèrent entre eux que suivant une ligne médiane transversale au grand axe du ver. Chacun des anneaux postérieurs détaché et mis à plat est elliptique, ayant 14 millimètres dans le sens qui correspond à la largeur du strobile, et 4 à 5 millimètres dans l'autre sens. Sa partie médiane est occupée par une matrice simple, allongée dans le sens du grand axe de l'anneau et se terminant vers chacun des bords par un angle très-aigu. Chaque anneau ne présente qu'un seul testicule formé par une ampoule dont le cul-de-sac est tourné vers le centre de l'anneau, et dont l'autre extrémité s'amincit en un tube grêle, qui se recourbe vers son origine, puis revient vers le bord de l'anneau, et se verse dans un tube d'un plus fort diamètre assez long, s'amincissant lui-même à son extrémité libre en un pénis. Œufs irrégulièrement cuboïdes anguleux ayant un diamètre de 0^{mm},063 à 0^{mm},072.

Tænia du mouton. *Tænia expansa* (Rud.) — Ver long de 15 centimètres à un mètre, pouvant même atteindre 30 mètres d'après Dujardin, ayant dans sa plus grande largeur de 20 à 25 ou 27 millimètres. Tête assez petite ayant à peine 1 millimètre de largeur, pourvue de quatre ventouses circulaires, manquant de trompe et de crochets. Premiers anneaux très-courts, plus larges que longs, se débordant en dents de scie dans la partie antérieure du corps, devenant ensuite plus longs et rectangulaires, à bord postérieur crénelé ou ondulé, et recouvrant en partie l'article suivant. Orifices génitaux assez marqués, doubles et opposés sur chaque article où existent également deux testicules. Deux pénis très-petits, un de chaque côté. Matrice remplissant la presque totalité des anneaux postérieurs où l'on ne peut plus saisir de traces du testicule. Œufs, polyédriques, pourvus d'une enveloppe très-transparente qui paraît susceptible de s'ouvrir en deux moitiés, et qui renferme dans son milieu une petite masse vitelline, granuleuse, paraissant détachée de toutes parts. Grand diamètre des œufs, 0^{mm},046; petit diamètre, 0^{mm},035.

Ce ver habite l'intestin grêle du mouton. Il paraît être assez rare à Toulouse. Il est au contraire très-commun en Allemagne. C'est de lui sans doute que MM. Pouchet et Verrier veulent parler lorsqu'ils disent avoir trouvé, dans une épizootie qui enleva beaucoup de bêtes ovines aux environs de Rouen en 1852, l'intestin rempli d'une telle quantité de tænias que celui-ci en était entièrement obstrué. Le *tænia expansa* (Rud.) a été signalé aussi dans l'intestin du bœuf, et dans celui de quelques autres ruminants.

Tænia du bœuf. *Tænia denticulata* (Rud.). — Ver long de 35 à 40 et même 78 centimètres. Tête tétragone, pourvue de quatre ventouses assez saillantes et contiguës. Point de trompe ni de crochets. Anneaux qui viennent après la tête, quadrilatères, toujours plus larges que longs, minces, et se débordant légèrement par leurs angles postérieurs, tous plus ou moins striés transversalement. Anneaux suivants à une certaine distance, devenant rusquement très-courts et très-épais, et comme distendus par les œufs qu'ils renferment. Anneaux minces, pourvus presque tous de deux orifices génitaux peu marqués et de deux points blanchâtres à une certaine distance en dedans et sur la même ligne que les tubercules. Anneaux épais, très-courts, semblant résulter de ce que les anneaux minces se sont séparés en plusieurs segments suivant les stries indiquées ci-dessus, souvent tellement distendus par les œufs, que leurs dimensions en épaisseur l'emportent sur la longueur. Corps finement denticulé dans toute sa longueur, surtout à partir du point où les anneaux deviennent brusquement très-courts. Œufs très-nombreux, très-gros, irrégulièrement cuboïdes, longs de $0^{mm},090$ à $0^{mm},095$.

Ce tænia, qui n'est pas très-commun, se trouve dans l'intestin grêle des animaux de l'espèce bovine.

Tænia de la chèvre. *Tænia capræ* (Rud.). — « Espèce décrite par Ru- « dolphi, qui l'a trouvée dans l'intestin iléon de la chèvre ; mais M. Diesing « la place parmi celles qui doivent être examinées de nouveau.» (P. Gervais. et van Bénéden.)

Les tænias du cheval, du bœuf, du mouton et de la chèvre que nous venons d'indiquer, sont encore bien peu connus, puisque l'on ne sait absolument rien de leurs migrations et de leurs métamorphoses. L'un d'eux, le *tænia perfoliata* (Gœze) du cheval, ayant des embryons hexacanthes comme les tænias des carnassiers, on peut croire qu'il y a entre son mode de développement et celui des tænias armés quelque analogie. Quant aux autres, MM. P. Gervais et van Bénéden soupçonnent qu'ils s'introduisent peut-être directement dans le canal intestinal des herbivores avec les boissons. Ces deux auteurs ajoutent encore qu'ils ont quelque raison de croire que les embryons de ces tænias, au lieu d'avoir des crochets, sont couverts de cils vibratiles, et qu'ils vivent d'abord hors du corps des animaux. On en est donc encore réduit à des conjectures sur ce sujet, qui, il faut bien le dire, est loin d'avoir pour la médecine vétérinaire le même intérêt que la connaissance des curieux phénomènes dont s'accompagne la reproduction du *tænia cœnurus* (Küch.) et des autres vers de la même section.

Pour terminer l'étude du genre tænia, il nous reste à parler de trois cysticerques dont les strobiles sont inconnus et qui vivent le premier chez le cheval, le second chez le lapin, et le troisième chez la poule. Nous indiquerons aussi un cestoïde indéterminé des séreuses du chat, que nous avons trouvé dans deux circonstances différentes, et nous terminerons par l'énumération des diverses espèces du genre tænia que l'on rencontre chez le lapin et chez les oiseaux de basse-cour.

Cysticerque du cheval. *Cysticercus fistularis* (Rud.). — « Corps long de
« 10 à 13 millimètres, cylindrique, assez mince, suivi d'une vessie caudale
« cylindrique, longue de 100 à 130 millimètres, large de 6 à 9 millimètres
« Tête tétragone. » (Dujardin.)

Ce ver a été indiqué dans le péritoine du cheval où il paraît
être très-rare. Le ver rubanaire qui en dérive est entièrement inconnu. Nous avons vu plus haut cependant que quelqu'un a af-
firmé à M. van Bénéden que le *cysticercus fistularis* (Rud.) est de
la même espèce que le *tænia plicata* (Rud.) du cheval.

Cysticerque allongé. *Cysticercus elongatus* (Leuckart). — « Cou nul,
« corps allongé, déprimé; vésicule caudale mince, allongée, acuminée en
« arrière, presque de la longueur du corps; longueur 11 à 19 millimètres,
« largeur 2 à 4 millimètres. Dans des kystes du péritoine chez le lapin. »
(Davaine.)

Quant au *cysticerque de la poule* qui n'a point encore été indiqué à notre
connaissance, nous l'avons trouvé une seule fois dans le péritoine d'un de
ces oiseaux. Il en existait trois. Ils étaient de la grosseur d'un grain de millet.
Les ampoules étaient ovoïdes transparentes, remplies de liquide et parse-
mées de granulations irrégulières. Les scolex étaient pourvus d'une tête à
quatre ventouses, et manquaient de trompe et de crochets. Chacun de ces
cystiques était isolé dans un kyste.

Cestoïde indéterminé des séreuses du chat. — Corps allongé, étroit,
long de 16 à 105 millimètres, large de 1 mil. et demi à 2 millimètres dans
la partie antérieure, et n'ayant plus que moins d'un millimètre, tout à fait
à l'extrémité de la queue, partagé en deux parties, l'une antérieure plus
large, d'un blanc opaque et irrégulièrement plissée, l'autre en forme de queue
allongée, étroite, demi-transparente et comme vésiculeuse par places,
surtout à son extrémité. Partie large présentant antérieurement une fente
qui indique comme chez les cysticerques une invagination. Tête très-difficile
à sortir de cette invagination, globuleuse tétragone, manquant de trompe et
de crochets, mais pourvue de quatre ventouses elliptiques, teintées de noir,
suivie, lorsqu'elle a été convenablement étendue, d'un cou assez allongé.
Corps criblé dans toute son étendue de corpuscules calcaires qui font effervescence par l'acide acétique, et qui ont un diamètre de $0^{mm},009$ à
$0^{mm},018$.

Nous avons trouvé une fois vingt et un de ces cestoïdes libres
dans le péritoine d'un chat, et une autre fois quatre-vingts de
ces vers dans les plèvres d'un autre animal de la même espèce.
Ils étaient pleins de vie au moment de l'autopsie et faisaient
comme les tænias des mouvements lents, mais assez étendus.
Nous ignorons s'ils peuvent se rapporter à quelque espèce de tænia actuellement connue.

Nous devons rapprocher de ces parasites singuliers douze petits cestoïdes que nous avons rencontrés dans le péritoine d'un rat et qui, à part leurs dimensions beaucoup moindres, avaient beaucoup d'analogie avec ceux que nous venons de signaler chez le chat. Ces petits animaux longs de $1^{mm},80$ à $2^{mm},70$, et larges de $1^{mm},05$ à $1^{mm},70$, étaient blancs, opaques, aplatis, ayant la forme d'un cœur, et se terminaient en pointe dans leur partie postérieure. Ils étaient ridés et plissés sur les bords, et leur échancrure antérieure correspondait à une invagination au fond de laquelle se trouvait une tête de cestoïde. Celle-ci large de $0^{mm},90$ était à peu près tétragone, courte, pourvue de quatre ventouses elliptiques presque confluentes, mais manquant de trompe et de crochets. Tout le corps était rempli de corpuscules calcaires d'un diamètre de $0^{mm},0045$ à $0^{mm},01$. Ces petits animaux placés dans l'eau sous le microscope se sont agités depuis midi jusqu'à trois heures et demie. Cinq d'entre eux ont été donnés à un jeune chat, mais ils n'ont pas été retrouvés dans l'intestin, deux mois après quand on a sacrifié ce carnassier.

On trouve chez le lapin domestique comme chez les oiseaux de basse-cour de nombreuses espèces du genre tænia que nous nous contenterons de citer en indiquant pour chacune d'elles l'animal qui l'héberge, et les organes où on la rencontre.

Tænia lanceolata (Rud.). Intestin de l'oie et du canard de Barbarie.
Tænia sinuosa (Rud.). Intestin de l'oie et du canard.
Tænia trilineata (Batsch.). Intestin du canard.
Tænia coronula (Duj.) Intestin du canard.
Tænia gracilis (Rud.). Intestin du canard.
Tænia fasciata (Rud.). Intestin de l'oie.
Tænia setigera (Rud.). Intestin de l'oie.
Tænia malleus (Gœze). Intestin du canard, de l'oie, du coq.
Tænia infundibuliformis (Gœze). Intestin de la poule, de l'oie, du canard.
Tænia proglottina (Davaine). Duodénum des poules.
Tænia crassula (Rud.) Intestin du pigeon.
Tænia megalops (Nitzsch.). Intestin du canard.
Tænia exilis (Duj.) Intestin des poules.
Tænia æquabilis (Rud.). Intestin du cygne.
Tænia pectinata (Gœze). Estomac et intestin du lapin.

Le genre BOTRIOCÉPHALE, *Botriocephalus* (Rud.), assez voisin du genre tænia, en diffère cependant, 1° par la tête qui est oblongue, tétragone ou tronquée aux deux extrémités, et pourvue de deux fossettes latérales, étroites, allongées, ou de quatre oreillettes, ou de quatre fossettes armées de crochets ; 2° par les organes génitaux qui varient un peu suivant les espèces, mais dont les orifices sont toujours situés vers le milieu de la face inférieure des anneaux.

Les espèces de ce genre ne sont encore connues qu'à l'état strobilaire. La plupart habitent l'intestin des poissons. Il en est un petit nombre cependant que l'on rencontre chez des mammifères.

La plus connue de toutes ces espèces est le *botriocephalus latus.* (Bremser.) qui habite l'intestin de l'homme et que l'on confond souvent avec le *tænia solium* (L.). D'après les travaux de M. Knoch de Saint-Pétersbourg, et ceux de M. Bertolus de Lyon, les phénomènes de la reproduction chez le *botriocephalus latus* (Brems.) auraient de l'analogie avec ceux qui se produisent pour les distomaires et avec ceux qui ont lieu pour les tænias des carnassiers. Les œufs du botriocéphale rendus avec les matières fécales, ou sortis des proglottis que les malades expulsent vers les mois de février et mars, peuvent éclore lorsqu'on les conserve dans l'eau douce courante ou fréquemment renouvelée. Mais le travail qui s'accomplit dans leur intérieur se fait avec une telle lenteur que l'éclosion n'a lieu que vers le septième ou le huitième mois. A cette époque il se détache de l'une des extrémités de l'œuf une sorte de calotte ou opercule qui livre passage à l'embryon. Celui-ci est arrondi, large de $0^{mm},045$ à $0^{mm},05$, et recouvert de cils vibratiles, à l'aide desquels il peut se mouvoir dans l'eau pendant un certain temps. Il contient dans son intérieur un autre corps arrondi, pourvu de six petits crochets semblables à ceux des embryons de tænias. M. Knoch pense que cet embryon hexacanthe porté directement dans l'intestin de l'homme peut s'y transformer en botriocéphale, mais il croit cependant que le plus ordinairement cet être doit vivre et se! développer chez les poissons avant de pénétrer chez son hôte définitif. M. Bertolus croit que l'embryon infusiforme cilié du botriocéphale est, comme celui des distomaires, destiné à porter le corps vivant qu'il renferme jusque dans les organes des poissons, où l'embryon interne mis en liberté trouve les conditions nécessaires à son développement. Alors commence pour lui une phase de l'existence dans laquelle il se comporte d'abord comme les proscolex, puis comme les cystiques des tænias armés. Ce n'est qu'après avoir vécu pendant plus ou moins de temps dans cet état qu'il est apte à se développer en botriocéphale dans l'intestin de l'homme.

M. de Siébold dit avoir trouvé le *botriocephalus latus* (Br.) dans l'intestin du chien domestique, mais M. Diésing pense qu'il faut rapporter au *botriocephalus serratus* (Diés.) *dibothrium serratum* (Diés.), l'helminthe de ce genre qui vit chez le chien. Ce ver est excessivement rare et caractérisé ainsi qu'il suit :

« Tête linéaire, arrondie au sommet ; ventouses latérales allongées ; cou
« court, filiforme ; articles antérieurs très-courts, les suivants, trois fois
« plus larges que longs, ayant les angles postérieurs proéminents, le der-

« nier arrondi. Longueur totale, 50 centimètres; articles longs de 2 milli-
« mètres, large de 6 millimètres ; tête longue de 2 millimètres, large de
« 0^{mm},5. » (Davaine.)

On a signalé aussi chez le chat domestique un botriocéphale
très-rare, c'est le *botriocephalus decipiens* (Diés.), *botriocephalus
felis* (?) (Créplin), *dibothrium decipiens* (Diés.), dont voici les caractères :

« Tête ovale oblongue ; ventouses latérales, béantes en arrière, et fermées
« dans la plus grande partie de leur longueur par suite du rapprochement
« des lèvres ; cou long, mince ; articles antérieurs parallélipipèdes, les mo-
« yens très-longs, les postérieurs presque carrés, le dernier arrondi ; lon-
« gueur de la tête, 3 millimètres, largeur, 1 millimètre ; longueur des an-
« neaux moyens, 9 millimètres, des postérieurs, 4 millimètres, longueur
« totale, 1 mètre 60 centimètres. L'adulte ressemble beaucoup pour la forme
« et la couleur au botriocéphale large. » (Davaine.)

Il a été trouvé dans diverses espèces du genre chat, par Créplin, Natterer, Diésing et Leuckart.

Quant aux autres cestoïdes, ils sont pour la plupart parasites
des poissons chez lesquels ils vivent, soit à l'état de scolex enkystés, soit à l'état de strobiles. Ce que l'on sait des migrations
et des métamorphoses d'un certain nombre de ces vers confirme entièrement les lois générales de la reproduction des cestoïdes, telles que nous les avons fait connaître pour les tænias.

Pour faciliter les recherches, nous terminerons ce long article
en donnant un tableau des helminthes de chacun de nos principaux mammifères domestiques.

Helminthes des solipèdes (cheval, âne, mulet).

(1) Les chiffres qui terminent les lignes renvoient aux pages où sont décrites les espèces
ndiquées.

Helminthes des bêtes bovines.

Helminthes des bêtes ovines.

Helminthes de la chèvre.

NOTE

SUR LE STRONGLE DES VOIES RESPIRATOIRES DU PORC.

Le 26 octobre dernier, peu de jours après la publication du VIII° volume du *Dictionnaire de Médecine, de Chirurgie et d'Hygiène vétérinaires*, dans lequel a paru d'abord le travail que nous publions aujourd'hui à part, M. Duliège, médecin-vétérinaire à Beaufort en Vallée (Maine-et-Loire), nous a adressé des fragments de poumons et de bronches d'un porc qui contenaient une grande quantité de strongles ovovivipares. Cette circonstance nous a permis d'étudier de nouveau ces helminthes et de rédiger une diagnose plus complète et même plus précise en quelques points que celle que nous n'avions pu faire, en 1859, que sur un très-petit nombre de vers. Nous transcrivons ici cette nouvelle diagnose.

Strongylus paradoxus! (Mehlis), *strongylus suis* (Rud.?), *strongylus elongatus* (Duj.?). Corps blanc ou brunâtre, filiforme. Tête effilée, non ailée, conique. Bouche petite, terminale, entourée de trois papilles arrondies. Œsophage court, d'abord cylindroïde, puis renflé en massue dans sa moitié postérieure. Intestin un peu plus long que le corps et un peu replié dans la seconde moitié de la longueur de celui-ci. Anus presque terminal. Deux glandes salivaires longuement fusiformes, à cul-de-sac terminé en pointe, à partie moyenne à peine renflée, descendant jusqu'au-dessous de l'œsophage, et produisant chacune un canal grêle ; les deux canaux marchant accolés l'un à l'autre le long de l'intestin et de l'œsophage. — *Mâle* long de 12 à 25 millim. Un seul testicule naissant au point même où arrivent les deux glandes salivaires par un tube en cône mousse qui prend bientôt un assez fort diamètre et descend directement jusque vers l'extrémité postérieure du corps, en présentant seulement, un peu avant sa terminaison, un rétrécissement brusque et court, après lequel il reprend sa largeur primitive. Deux spicules très-grêles, finement striés en travers dans toute leur longueur, munis chacun à la base d'une bandelette musculaire destinée à les faire rentrer en entier dans le corps ; chacun de ces spicules long de 2^{mm},50 à 4^{mm},07. Bourse caudale à deux lobes profondément séparés, soutenus chacun par quatre côtes divergentes, épaisses, courtes, les deux externes subaiguës, la troisième renflée en bouton à son extrémité libre, l'interne renflée au bout et obscurément bilobée.— *Femelle* longue de 32 à 51 millim. Deux ovaires naissant vers le milieu du corps, chacun par un tube en cône mousse qui devient bientôt cylindrique, l'antérieur se dirigeant en avant, le postérieur en arrière ; le premier formant une anse un peu au-dessous de la terminaison de l'œsophage, et aboutissant dans un tube d'un diamètre deux ou trois fois plus fort, qui descend directement jusque vers la queue ; le second descendant jusqu'à une petite distance au-dessus de la vulve, se recourbant et pénétrant dans un tube deux ou trois fois plus gros, qui remonte jusque un peu au-dessus du milieu du corps et redescend ensuite parallèlement au gros tube de l'autre ovaire, ces deux tubes se réunissant à une petite distance de la pointe de la queue en un oviducte commun, qui vient s'ouvrir dans la vulve située à la base du mucron de la queue sous une bosse hémisphérique, que l'on voit se soulever un peu pour laisser échapper les œufs ou les embryons quand on exerce sur le corps une pression. Mucron de la queue arqué, aigu, long de $0^{mm},093$ à $0^{mm},11$. Œufs assez variables dans leur forme, elliptiques, ovoïdes ou plus ou moins renflés dans leur milieu, parfois même polyédriques par suite des pressions qu'ils exercent les uns sur les autres lorsqu'ils sont en grand nombre dans les tubes des ovaires, très-variables aussi dans leurs dimensions, longs de $0^{mm},057$ à $0^{mm},10$, larges de $0^{mm},039$ à $0^{mm},072$, les plus gros ayant leur enveloppe extérieure distendue et éloignée du vitellus ou de l'embryon dans tout son pourtour, les plus petits ayant cette enveloppe très-rapprochée du vitellus ou de l'embryon. Œufs contenant d'abord un vitellus granuleux qui passe dans les organes génitaux par toutes les phases de la segmentation et se transforme en un embryon qui éclôt dans les gros tubes de l'ovaire (utérus) de la mère. Embryons libres cylindroïdes, légèrement effilés à chaque bout, offrant, à l'extrémité de la queue qui est plus ou moins arquée, un très-petit bouton arrondi, et présentant une longueur de $0^{mm},22$ à $0^{mm},35$ et une épaisseur de $0^{mm},010$ à $0^{mm},012$ vers le milieu du corps.

Le strongle que nous venons de décrire est bien le *strongylus paradoxus* de Mehlis. Mais il est loin d'offrir les caractères attribués par Dujardin à son *strongylus elongatus*. Il est possible qu'il y ait là deux formes distinctes qui auraient besoin d'être étudiées de nouveau comparativement.

TABLE.

PARIS. — IMP. VICTOR GOUPY, RUE GARANCIÈRE, 5.